DU

# TOPINAMBOUR

DU

# TOPINAMBOUR

## CULTURE

## PANIFICATION ET DISTILLATION

## DE CE TUBERCULE

PAR

P.-THÉODORE DELBETZ

ANCIEN ÉLÈVE DE GRIGNON



TROISIÈME TIRAGE

PARIS

LIBRAIRIE CENTRALE D'AGRICULTURE ET DE JARDINAGE

RUE DES ÉCOLES, 62 (ancien 82), PRÈS LE MUSÉE DE CLUNY

— Auguste GOIN, éditeur —

# PRÉFACE

---

L'agriculture française entre dans une ère nouvelle. Nous assistons à l'aurore de sa transformation. L'exposition universelle de Londres et celle de Paris, le savant mais trop court enseignement de l'Institut agronomique de Versailles, les leçons et la pratique de nos écoles régionales, trop rares encore, les magnifiques travaux de MM. de Gasparin et Boussingault, l'excellent ouvrage de M, Léonce de Lavergne, l'exemple de quelques agriculteurs distingués prenant au sérieux leur beau titre, les concours du Champ-de-Mars et les comices agricoles, mais surtout la redoutable question des subsistances, ont heureusement fini par attirer sur l'agriculture l'attention la plus sérieuse de tous ceux qui se donnent la peine de remonter des effets aux causes pour apprendre à suivre, en la dirigeant, la marche des événements économiques.

De l'aveu de tous, aujourd'hui, le problème alimentaire est le premier de tous les problèmes d'ordre matériel, c'est le sphinx trop réel des temps modernes ; car il faut avant tout se nourrir, et, par conséquent, la question agricole, qui seule en renferme la solution, est la question capitale.

Aussi, le temps de l'exclusionisme fatal de l'industrie manufacturière est passé. Les capitaux comprennent enfin qu'en ne se dirigeant que de son côté, qu'en n'attirant que vers elle l'intelligence et la faveur, et en laissant dans l'ombre froide, dans l'abandon stérile de la routine et du dédain, la culture du sol de la patrie, ils courent inévitablement à leur ruine. On s'aperçoit qu'en proposant pour modèle à la France l'économie sociale de l'Angleterre, il ne faut pas s'en tenir à ne lui montrer que son organisation industrielle, mais aller jusqu'au bout et présenter surtout à l'attention de nos propriétaires son admirable culture : car nous sommes, et par notre sol et par notre climat, la nation agricole par excellence.

Deux traits principaux caractérisent la rénovation de l'agriculture dans notre pays : c'est, d'une part, la nécessité de fournir à la pratique une base scientifique large et profonde ; c'est, de l'autre, l'importance de l'adjonction de l'industrie à l'art agricole proprement dit.

Les phénomènes météoriques de ces dernières années, en frappant la vigne d'une terrible maladie et en conduisant, par suite, à demander à d'autres plantes l'alcool indispensable à l'industrie et aux arts, ont fait ressortir, aux yeux de tous, les avantages de l'*industrialisation* de l'agriculture, en montrant que, par là, le cultivateur se trouvait à même de créer à meilleur marché une plus grande masse de viande et, conséquemment, de blé.

On sent, d'un autre côté, qu'en transportant certaines industries dans les campagnes, à côté de la ferme, on arrêtera l'émigration, vers les villes, des populations rurales, en leur procurant des travaux plus nombreux, plus intelligents, en apparence, et mieux rétribués.

Honorons l'agriculture, enseignons aux cultivateurs la dignité, l'importance de sa mission ; créons autour de la ferme des occupations pour tous les bras, et ne craignons pas que la ville engloutisse et corrompe les habitants de nos campagnes.

C'est à l'union heureuse et féconde de la science agricole et des capitaux de réaliser cette œuvre de bien.

C'est pour apporter notre faible pierre au nouvel édifice de l'agriculture nationale, que nous avons écrit ce petit livre sur une des questions qui préoccupent, à juste titre, le plus vivement les esprits.

Parmi les plantes qui se prêtent le mieux à l'alcoolisation, le topinambour nous a paru mériter la préférence. Il nous présente, en effet, l'immense avantage d'une rusticité sans pareille, et peut, à cause d'elle, amener du premier coup à une production industrielle des terrains déshérités des faveurs de la nature, les sols de landes sablonneux, particulièrement ceux désignés par M. Moll sous le nom de *landes jaunes ;* de sorte que, par lui, ces contrées peuvent venir se placer comme complémentaires des terrains vinicoles, et fournir l'alcool à la place de la vigne, tout en produisant, par l'utilisation des pulpes-résidus pour l'engraissement des animaux, une grande quantité de viande et de fumier, et, par conséquent, augmenter la masse de nos ressources alimentaires, de notre consommation si faible encore.

La faculté si précieuse de notre terre de France, qui avait tant frappé Arthur Young, de produire un vin sans rival dans les mauvais sols, se trouvera agrandie encore de celle de fournir l'alcool avec des terrains au moins aussi inférieurs et dans des conditions climatériques qui ne permettraient pas la production du raisin.

D'ailleurs, le rôle de nos vignes françaises n'est pas la production de l'alcool : « La farine et le vin sont la moelle des hommes », dit excellemment Homère ; ajoutons-y la viande, et nous aurons les éléments physiologiques de la puissance musculaire et de la santé, c'est-à-dire du travail. Que la vigne verse donc, et sans entraves fiscales, le vin généreux au travailleur, le topinambour donnera aux arts l'alcool qu'ils réclament, et augmentera, d'une manière directe, mais sûre, le pain et la viande de chacun.

Dans le travail que nous offrons au public agricole, nous avons décrit, d'une manière rapide, les procédés de distillation de MM Champonnois et Leplay. Nous ne prétendons pas les avoir fait suffisamment connaître. Nous n'admettons, quant à nous, qu'un moyen de bien se familiariser avec des appareils, c'est de les étudier tant qu'ils fonctionnent, et de suivre leur marche pendant le temps nécessaire à bien en posséder le mécanisme et les effets. Nous n'avons pas cru devoir joindre de planches à notre travail ; les planches augmentent toujours le prix de vente d'un livre, et, quelque parfaites qu'elles soient, elles ne donnent jamais, à celui qui veut pratiquer, une idée suffisante des machines qu'elles représentent.

Qu'il nous soit permis, en terminant, de demander l'indulgence du lecteur pour la rédaction de notre petit livre, que nous avons écrit trop rapidement et au milieu des mille préoccupations de la pratique. Mais, ce que nous pouvons affirmer, c'est que, si la forme laisse beaucoup à désirer, le fond est sérieusement exact. Nous accueillerons, d'ailleurs, avec une bien vive reconnaissance, les observations qu'on voudrait bien nous transmettre.

T. D.

# DU

# TOPINAMBOUR

## CHAPITRE PREMIER

**Caractères botaniques. — Variétés — Synonymie. — Origine du topinambour**

*Caractères botaniques.* — Le topinambour (*helianthus tuberosus*) est une plante vivace, du genre *helianthus*, de la classe des *corymbifères* ou *radiées* et de la grande famille des *synanthérées* de Richard, laquelle comprend neuf mille espèces, c'est-à-dire, la onzième ou la douzième partie de tous les végétaux connus. Les racines de cette plante sont tubéreuses ; ses tiges, tantôt simples, tantôt rameuses, suivant leur vigueur, s'élèvent à la hauteur de 1 ou 2 mètres, quelques-unes même atteignent 2 mètres 50 dans les cultures ordinaires, et certains auteurs disent en avoir vu qui mesuraient 3 mètres de hauteur ; mais c'est là, évidemment, une exception fort rare et sans importance culturale. Les feuilles, qui couvrent la tige et ses ramifications, quand elle en présente, sont alternes, ovales et décurrentes sur le pétiole. Les fleurs, à corolle gamopétale, sont jaunes et à inflorescence terminale ; elles sont petites et réunies en tête (*calathide*) sur une espèce de plateau charnu ou réceptacle commun (*phoranthe* ou *clinanthe*), dont le centre est occupé par des *fleurons* et la circonférence par des *demi-fleurons* ; elles renferment cinq étamines synanthérées, c'est-à-dire soudées en un tube par leurs anthères, les cinq filets restant libres. L'ovaire, monosperme, est surmonté d'un style simple qui pénètre dans le tube des anthères et se termine par un stigmate bifide ; à la base du stigmate, on trouve une réunion de petits poils nommés *poils collecteurs*, parce qu'ils semblent avoir pour fonction de balayer le pollen qui s'amasse à l'intérieur du tube staminal, les étamines étant à anthères introrses. Le fruit est un *akène* terminé par de petites lames scarieuses. La graine, dressée, contient un embryon homotrophe sans endosperme.

Le topinambour ne fleurit pas tous les ans sous le climat de Paris, et ses graines n'y viennent pas à maturité.

*Variétés*. — Les tubercules de l'*hélianthus* que l'on cultive sont de couleur rouge vineuse, coloration qui est due à la présence, sous l'épiderme, d'une matière colorante. M. Vilmorin a entrepris des semis de graines de topinambour, dans le but de chercher à obtenir une variété supérieure à la variété commune; mais ses essais n'ont abouti, jusqu'à présent, qu'à la création d'une variété à tubercules jaunes, qui n'offre pas d'autre différence que la couleur avec celles que nous étudions.

*Synonymie.* — Le topinambour est désigné par des noms divers, suivant les localités; voici quelques-uns de ses synonymes: *artichaut du Canada*, *artichaut de Jérusalem*, *artichaut de terre*, *crompire*, *poire de terre*, *soleil vivace*, *tertifle*, *topinamboux*.

*Origine du topinambour.* — Le topinambour est, comme la pomme de terre, originaire de l'Amérique. Certains botanistes lui assignent le Brésil pour patrie ; mais M. Corréa s'élève contre cette donnée, et M. de Humboldt affirme qu'il ne l'a jamais trouvé dans les contrées tropicales. Aussi, M. Adolphe Brongniart, se fondant, d'ailleurs, sur la propriété que possèdent les tubercules de cette plante de résister aux froids les plus intenses de nos hivers au nord de Paris, et sur diverses considérations de géographie botanique, pense qu'elle est originaire des régions les plus septentrionales du Mexique.

# CHAPITRE II

**Composition chimique du topinambour. — Climat et sol. — Généralités. — Difficulté de faire disparaître cette plante d'un champ où on l'a cultivée. — Place du topinambour dans les cultures. — Expérience de M. Crussard. — Conseils de M. Victor Yvart.**

*Composition chimique du topinambour.* — La connaissance de la composition chimique des plantes qu'il cultive, est d'une importance capitale pour l'agriculteur. Aussi, sommes-nous heureux de pouvoir présenter à nos lecteurs les analyses que les maîtres de la science ont faites de la plante dont nous les entretenons.

Voici l'analyse immédiate, que nous empruntons à M. Payen, analyse faite sur des topinambours provenant de son terrain, situé à Grenelle, près Paris :

ANALYSE IMMÉDIATE DU TOPINAMBOUR

| | |
|---|---|
| Eau. . . . . . . . . . . . . . . . | 76,04 |
| Glucose et autres matières sucrées. . . | 14,70 |
| Albumine et deux autres matières azotées. | 3,12 |
| Cellulose. . . . . . . . . . . . . . | 4,50 |
| Inuline . . . . . . . . . . . . . . | 1,86 |
| Acide pectique . . . . . . . . . . . | 0,37 |
| Pectine . . . . . . . . . . . . . . | 0,37 |
| Matière colorante violette sous l'épiderme. | traces. |
| Sels : phosphates de chaux, de magnésie, de potasse, sulfate de potasse, chlorure de potassium, citrate et malate de potasse, malate de chaux, traces de soude. . . | 1,29 |
| | 100,00 |

Nous appellerons l'attention de nos lecteurs sur deux points bien importants à remarquer dans cette analyse : ce sont la grande quantité de sucre incristallisable, 14,70 p. 100 et la proportion non moins considérable relativement de principes azotés, c'est-à-dire de viande, 3,12, que nous offre ce précieux et trop méconnu tubercule.

Comparons maintenant le topinambour aux autres récoltes-racines au point de vue des proportions de l'eau et de la matière sèche. M. Boussingault nous fournit, dans son *Économie rurale*, un tableau de cette comparaison :

| RÉCOLTES | MATIÈRES SÈCHES | EAU |
|---|---|---|
| Cent parties de pommes de terre. | 0,241 | 0,759 |
| — betteraves . . . | 0,122 | 0,878 |
| — navets . . . . . . | 0,075 | 0,925 |
| — topinambours. . . | 0,238 | 0,762 (1) |
| — tiges de topinambour. | 0,871 | 0,129 |
| — pois . . . . . . . | 0,914 | 0,086 |
| — foin de trèfle . . . | 0,790 | 0,210 |
| — paille de pois. . . | 0,882 | 0,118 |
| — paille de froment . | 0,740 | 0,260 |
| — paille de seigle . . | 0,813 | 0,187 |
| — paille d'avoine . . | 0,713 | 0,287 |
| — froment. . . . . . | 0,855 | 0,145 |
| — seigle . . . . . . | 0,834 | 0,166 |
| — avoine . . . . . . | 0,792 | 0,208 |

Il résulte de ce tableau que le topinambour n'est guère plus aqueux que la pomme de terre, contient deux fois plus de matières sèches que la betterave, et deux fois et demie plus que le navet.

D'ailleurs, et cela est tout naturel, la proportion d'eau et de matières sèches que présentent les tubercules du topinambour est en relation directe avec le sol et le climat où l'on cultive cette plante ; ils sont plus aqueux, évidemment, dans

(1) Payen.

les sols et sous les climats humides ; moins aqueux, au contraire, dans les sols et sous les climats secs, et conséquemment plus nourrissants, dans ces dernières conditions, sous le même poids.

Les chiffres suivants indiquent ces variations :

| TOPINAMBOUR | MATIÈRES sèches, p. 100 | EAU p. 100 | AUTEURS des observations |
|---|---|---|---|
| Des envir. de Nancy. | 22,95 | 77,05 | Braconnot. |
| D'Alsace. . . . . | 20,70 | 79,30 | Boussingault. |
| De Normandie, sable d'alluvion . | 19,75 | 80,25 | Girardin et Dubreuil. |
| De Normandie, sable tourbeux. . | 19,50 | 80,50 | Girardin et Dubreuil. |
| De Normandie, argile. . . . . | 20,50 | 79,50 | Girardin et Dubreuil. |
| De Normandie, calcaire. . . . | 18,70 | 81,30 | Girardin et Dubreuil. |
| De Grenelle, près Paris. . | 23,96 | 76,04 | Payen. |

Nous avons remarqué, appuyé de l'analyse immédiate de M. Payen, la grande proportion de matière azotée contenue dans les tubercules du topinambour ; nous devons dire ici que cette quantité elle-même présente des variations bien plus importantes que celles dont nous venons de parler. Ainsi, M. Boussingault assigne au topinambour la composition élémentaire suivante :

| | |
|---|---|
| Carbone. . . . . . . . . . | 43,02 |
| Hydrogène. . . . . . . . . | 5,91 |
| Oxygène . . . . . . . . . | 43,56 |
| Azote. . . . . . . . . . | 1.57 |
| Cendres. . . . . . . . . | 5,94 |
| | 100,00 |

En d'autres termes, M. Boussingault ne trouve que 1,57 d'azote dans 100 parties de tubercules desséchées à 110°, tandis que MM. Payen, Poinsot et Fery en ont trouvé 2,16, c'est-à-dire plus du double que n'en contiennent la betterave et la pomme de terre, et autant à peu près qu'on en rencontre dans les fruits des céréales orge, avoine, seigle, froment même. Faut-il, pour expliquer cette différence, faire intervenir l'engrais donné à la plante? Nous dirons que le sol sableux et de médiocre qualité, où avait végété le topinambour de M. Payen, avait été fumé avec du phosphate ammoniaco-magnésien. Nous ne sommes nullement étonné, quant à nous, de voir les mêmes principes varier, dans leur proportion, pour une même espèce de végétal, suivant les conditions du sol, de climat, de fumure, dans lesquelles se sont accomplies les différentes phases de son existence. Aussi, appelons-nous de tous nos vœux la multiplicité des analyses sur les plantes de même espèce qui se sont développées dans des conditions climatériques et géologiques différentes, de manière que les cultivateurs puissent baser leurs calculs sur de bonnes moyennes, lesquelles sont d'un prix d'autant plus grand en agriculture, que c'est surtout dans la pratique agricole qu'on peut dire qu'il n'y a rien d'absolu. Nous accepterons donc comme dosage réel de l'azote des tubercules du topinambour, le chiffre 1,86 p. 100 moyenne qui résulte des analyses de MM. Boussingault et Payen.

*Climat et sol.* — L'expérience démontre que tous les climats et tous les sols, à l'exception seule des sols marécageux, conviennent au topinambour. Dans un sable humifère, peu profond ($0^m15$ environ) et reposant sur un sous-sol formé par un tuf siliceux très difficilement perméable, mais légèrement incliné à l'horizon, cette précieuse plante nous a donné des tiges de la plus magnifique végétation ; aucune n'avait moins de 1 mètre de hauteur, un très grand nombre atteignaient 2 mètres, plusieurs mesuraient 2 mètres 30 centimètres, et la récolte des tubercules doit être évaluée à environ 15,000 kilog. Le sol avait reçu pour toute fumure une quantité de fumier correspondant à peu près à 7,000 kilog. à l'hectare.

MM. Girardin et Dubreuil, qui se sont livrés à des expériences si intéressantes sur la culture des diverses racines alimentaires, écrivent ce qui suit sur le topinambour :

« A l'exception des marais, toutes les places et tous les terrains sont bons pour le topinambour, depuis les meilleures terres à blé jusqu'au sol graveleux le plus aride, jusqu'au sol crayeux le plus stérile.

« Les essais que nous avons faits sur le rendement de diverses sortes de racines, dans les principales natures de terre, nous ont donné comme résultat, pour le topinambour:

| | | |
|---|---|---|
| Sable d'alluvion. . . . | 20 k. 868 | de tubercules. |
| Sable bourbeux. . . . | 26 768 | — |
| Argile sableuse. . . . | 22 568 | — |
| Terre calcaire . . . . | 10 908 | — |

« Ces produits ont été fournis par huit tubercules pesant chacun environ 60 grammes.

« D'où il suit, que ce sont les terrains secs et légers qui conviennent surtout à cette plante. »

(*Cours élémentaire d'Agriculture*, t. II, p. 132.)

*Généralités.* — Le topinambour est la plante la plus rustique, la plus robuste que l'agriculture possède. Il ne redoute ni les températures les plus élevées, ni les températures les plus basses. Si, durant les plus grandes chaleurs des jours d'été, ses feuilles se fanent, la nuit suffit pour les rafraîchir et les redresser. Sous la terre peu épaisse qui les recouvre, ses tubercules résistent aux froids les plus vifs. Aucun insecte, aucune muscédinée ne l'attaque ; pour lui, ni puceron, ni pyrale, ni pédiculus, ni oïdium, ni botrytis. Une récolte assurée infaillible, voilà ce que le cultivateur doit attendre de sa culture. Et ce ne sont pas seulement ses tubercules qui offrent aux animaux de nos fermes une nourriture abondante et d'excellente qualité; tout le végétal, tubercule, tiges et feuilles, est un aliment qu'ils recherchent avec avidité et profit. Nulle récolte n'est moins encombrante que la sienne ; car on peut, comme il ne redoute pas la gelée, le laisser en terre et ne l'arracher qu'à mesure des besoins. Il n'épuise point la terre sur laquelle on le cultive, ou, pour dire complètement vrai, comme il trouve surtout dans l'atmosphère le carbone, une grande partie de l'azote et les éléments de l'eau que renferme sa substance, il ne prend au sol que peu d'azote et qu'une partie seulement des minéraux qu'il renferme, l'autre lui étant fournie par les eaux de pluie. Aussi, il résulte des expériences de Kade que cette plante peut se succéder à elle-même au moins durant trente ans, sans que ses produits diminuent. Elle exige aussi peu de culture que d'engrais, et peut, comme la pomme de terre, mieux même que cette dernière, concourir à l'alimentation de l'homme et des animaux. Enfin, nulle plante ne se présente à la distillation avec autant d'avantages que l'helianthus.

Cependant, malgré de si grands avantages qui constituent au topinambour un prix de revient si peu élevé, il est, on peut le dire, à peu près inconnu de la généralité des cultivateurs. Introduit en Europe avant la pomme de terre, il y a plus de deux siècles, il n'est point devenu l'objet de l'attention qu'il mérite à un si haut degré. Malgré les efforts d'Arthur Young, en Angleterre, de Schwertz et de Kade, en Prusse, de Victor Yvart, en France; malgré les enseignements de M. Boussingault, cette plante est restée confinée sur quelques points de la France, notamment en Alsace, où elle a été introduite en 1823.

Quels sont donc, nous demanderons-nous, les motifs qui ont pu nuire à l'extension de cette culture?

Le premier et le principal est, selon M. de Gasparin: « la répugnance de nos cultivateurs à consacrer leurs terrains à des plantes qui ne servent qu'à la nourriture des animaux. Il leur semble que tout espace qui ne produit pas du blé ou des végétaux de commerce est perdu pour eux; c'est ainsi que s'explique, au reste, la réduction des pâturages et des prairies, qu'ils ne conservent que sous l'empire d'une nécessité absolue. Cette funeste tendance, qui ne provient que de faux calculs dans un grand nombre de cas, et dans d'autres d'arrangements surannés entre les métayers et les propriétaires, cédera, nous l'espérons, aux conseils de la science et de l'intérêt bien entendu.

« Un autre inconvénient, est la difficulté qu'on a trouvée à extirper complètement le topinambour d'un champ dont il était en possession. On conçoit que si la culture de cette plante était une culture alterne, et que cette difficulté se présentât tous les deux ou trois ans, elle pourrait être prise en considération. Mais si, comme l'exigent ses propriétés, le topinambour doit former une sole permanente, à long terme, l'embarras diminue beaucoup ; et quand on sait qu'il suffit de le remplacer par une récolte fourragère et qu'il ne résiste pas à un double fauchage de sa tige dans l'année, on est complètement rassuré sur cette perpétuité redoutable.

« On a regardé aussi comme un désavantage du topinambour le ramollissement rapide du tubercule lorsqu'on le laisse exposé à l'air (1). Mais on ne compte pas que la possibilité d'en faire chaque jour la récolte, sans s'embarrasser de magasins et de silos, est une large compensation, et que d'ailleurs, dans les caves et les silos, il se conserve parfaitement sans se ramollir, et qu'on peut ainsi y garder la provision d'un mois ou deux, quand on prévoit les gelées ou des mauvais temps qui s'opposeraient à la récolte journalière. »

(*Cours d'Agriculture*, t. IV, p. 70.)

*Place du topinambour dans la culture.* — In-

(1) Pendant un temps humide, nous avons gardé des topinambours onze jours à l'air dans une grange, sans qu'ils aient éprouvé de ramollissement.

sistons sur l'examen du second inconvénient qu'on reproche au topinambour, la difficulté de l'extirper complètement d'un champ où on l'a cultivé.

Cette propriété d'inépuisable reproduction qu'on lui reproche est, à notre avis, un de ses principaux avantages. Pour nous, en effet, le topinambour doit être placé en dehors de l'assolement. Son rôle est surtout d'utiliser les terres les moins productives et les angles aigus des pièces de terre triangulaires et trapézoïdales, où les tournées fréquentes et difficiles occasionnent des pertes de temps fâcheuses et s'opposent à la confection d'un bon labour. La place du topinambour se présente encore tout naturellement dans les terres éloignées de la ferme. Dans les grandes exploitations, on ne saurait mieux faire que de consacrer huit ou dix hectares à la culture de cette plante. La masse de matières alimentaires qu'on en retirerait chaque année serait surtout bien appréciée quand la sécheresse, les insectes ou un autre contretemps quelconque, viendraient diminuer considérablement ou faire manquer les cultures-racines. Le topinambour se reproduisant toujours en abondance, quel que soit le soin que l'on prenne à extraire du champ tous ses tubercules, on n'a pas à s'inquiéter d'une plantation souvent chanceuse pour les autres racines ; sa reproduction est infailliblement assurée. Il suffit d'un tubercule gros comme une noisette, resté en terre, pour que le printemps suivant voie se développer une jeune pousse qui deviendra une tige vigoureuse, abondamment pourvue de beaux tubercules à l'automne.

Pour démontrer par un exemple cette prodigieuse activité reproductrice des topinambours, nous ne saurions mieux faire que de citer textuellement une note de M. Crussard :

« J'ai chez moi, dit-il, deux pièces de topinambour : l'une de 25 ares, qui est à sa troisième année, et l'autre de 75 ares, à son début. Ayant formé le projet de mettre la première en fourrage fauchable, *je fis arracher avec soin tous les topinambours en février dernier; mais dès la fin d'avril, le champ se couvrit d'une si belle végétation en topinambours, que je changeai d'avis à son égard,* voulant pousser jusqu'au bout cette végétation spontanée. La levée s'étant faite irrégulièrement, claire sur quelques points, fort épaisse sur d'autres, je la régularisai par des éclaircies et des repiquages ; ce fut, avec un bon binage à la main, le seul travail que cette pièce reçut ; le buttage y eût été difficile, à cause de l'irrégularité des lignes. La pièce de 75 ares fut plantée à la charrue, en février, dans une lande défrichée depuis trois ans ; elle fut binée et buttée. Jusqu'en juillet, mes deux pièces présentèrent une végétation également belle ; mais dès que la sécheresse se fit sentir, celle de 75 ares resta en arrière. Je n'attribue ce fait qu'à l'évaporation qui s'y est produite plus facilement, à raison de l'augmentation des surfaces par le billonnage. Ce sol étant d'ailleurs naturellement sec, j'ai la conviction que, dans les mêmes circonstances, tout autre plante y eût péri. *La pièce non buttée présente au contraire la plus belle apparence.* Je viens d'en arracher quelques pieds, qui annoncent un bon résultat. Ce fait prouve donc que l'opération du buttage n'est pas toujours indispensable, et que l'essentiel, c'est de tenir le terrain propre. »

N'est-ce pas là, nous le demandons, un fait agricole des plus précieux? Vous faites tous vos efforts pour enlever jusqu'au dernier germe d'une plante alimentaire de première valeur, et, comme si ces efforts étant contraires à l'intérêt de la culture, une main providentielle venait s'y opposer et défendre contre vos investigations d'invisibles tubercules sauveurs, au printemps suivant la plus belle végétation de cette plante, si éminemment utile, grandit joyeuse à vos regards surpris, et vous prépare, dans le laborieux silence de la glèbe, une abondante récolte! Mais c'est là plus qu'une admirable propriété, c'est *une vertu*, comme on dit dans nos campagnes. Ayons donc la sagesse d'en profiter, et gardons-nous d'en faire un reproche à la plante qui nous occupe.

Pour nous, nous le répétons, la place du topinambour est en dehors de l'assolement, comme celle de la prairie naturelle dont il est le précieux complément; et tout cultivateur intelligent, soucieux de l'avenir, doit lui ménager une large place sur ses terres en période fourragère, pour assurer ainsi infailliblement, en toute occurrence, à ses animaux, une certaine quantité de racines alimentaires, indispensables dans toute exploitation sagement conduite. Toutefois, si dans certaines conditions de culture qu'il ne nous est pas donné de prévoir, le cultivateur ne pouvait admettre le topinambour qu'à la condition de le faire entrer dans son plan de rotation, il ne devrait éprouver aucune hésitation à l'introduire au nombre de ses plantes-racines; car, ainsi que l'enseigne M. Gasparin, et nous en avons l'expérience personnelle, le topinambour ne résiste pas à un double fauchage de sa tige durant l'été. Aussi, en supposant qu'un de nos lecteurs puisse se trouver placé dans l'hypothèse que nous venons de faire, croyons-nous ne pouvoir mieux venir à son aide qu'en reproduisant ici les conseils de M. Victor Yvart, qui avait beaucoup cultivé ce tubercule:

« ....... En partant d'une dernière récolte en grains, à laquelle on désire substituer l'année suivante la culture du topinambour, voici les rotations qui nous paraissent les plus convenables pour atteindre le but désiré :

1° Topinambour ; 2° prairie artificielle, avec graines de printemps; 3° prairie; 4° céréales d'hiver.

« Développons un peu cet assolement.

« *Première année.* — Après avoir enfoui le chaume de la dernière récolte en grains, on donne au champ tous les labours et les engrais nécessaires ; on plante les tubercules le plus tôt possible après ces opérations préliminaires. On leur donne toutes les cultures que nous avons indiquées, et on enlève la récolte à mesure des besoins durant l'hiver, et le plus exactement possible.

« *Deuxième année.* — Au printemps la terre reçoit un ou plusieurs labours, suivant l'exigence des cas, et on ramasse soigneusement, derrière la charrue, les tubercules qu'elle déterre et qui avaient échappé aux premières recherches. On l'ensemence en grains de mars, suivis d'un second ensemencement en prairie artificielle, tel que trèfle, lupuline, etc., suivant la nature de la terre et les besoins. On herse, et on ramasse encore, derrière la herse, les tubercules qu'elle découvre; mais quelques précautions que l'on ait prises pour les enlever, il en reste toujours un nombre plus ou moins considérable qui germent et mêlent leurs pousses à celles des grains et de la prairie. Il est indispensable de les détruire avec l'échardonnette ou avec tout autre instrument équivalent dont on se sert pour extirper les chardons et autres plantes nuisibles, ou même avec la main, et la vigueur du grain et de la prairie arrête ensuite les pousses nouvelles, lorsqu'elle ne les détruit pas complètement. Immédiatement après la récolte des grains, on abandonne la prairie à elle-même, et on en tire en automne et dans l'hiver tout le parti qu'elle permet.

« *Troisième année.* — Lorsque l'on peut se procurer du plâtre, de la cendre de tourbe, des cendres végétales ordinaires, de la suie ou tout autre engrais équivalent et pulvérulent ou liquide, qui convient surtout aux prairies, on en répand de bonne heure, au printemps et même avant si l'on peut, sur la prairie artificielle, et l'augmentation de vigueur qu'elle en reçoit contribue très efficacement à étouffer les nouvelles pousses de topinambour qui ont pu résister jusque-là. Si l'on a substitué au trèfle ou à la lupuline une prairie artificielle pérenne, telle que la luzerne, le sainfoin, l'ivraie vivace, etc., l'assolement devient alors à long terme, et la culture du topinambour ne reparaît qu'après la destruction de cette prairie. Dans le cas contraire, après avoir récolté le trèfle ou la lupuline, on enfouit leurs débris à la fin de cette année pour les remplacer immédiatement par du froment, du seigle, de l'épeautre, ou tout autre ensemencement d'hiver applicable aux circonstances.

« *Quatrième année.* — On récolte la céréale qu'on a semée. »

(*Cours complet d'Agriculture,* t. XVII, p. 346.)

Cette pratique est, comme on le voit, l'assolement quatriennal du Norfolk, dans lequel le topinambour se place dans la sole des plantes sarclées, à côté des autres racines.

Parmentier indique encore, avec raison, d'utiliser le topinambour à planter les clairières de bois et le terrain, si riche en humus, des taillis qu'on vient de couper ; les porcs, qui mangent très bien ses tubercules crus, sauront très bien les mettre à profit.

Schwertz conseille de faire succéder à la sole de topinambour, dans une culture régulière, une prairie artificielle formée par un mélange de trèfle et de vesce. La vesce est coupée au printemps avec les tiges renaissantes du topinambour. Ces tiges sont retranchées encore en automne avec la première coupe de trèfle, puis, le printemps suivant, finissent par disparaître complétement.

## CHAPITRE III

**Culture du topinambour. — Engrais qui lui conviennent. —Plantation. — Soins d'entretien. — Récolte des tiges et des tubercules. — Rendement.**

*Culture du topinambour ; préparation du terrain.* — D'une manière générale, deux sortes de sol seront consacrées à la culture du topinambour : ou ce sera un sol déjà cultivé depuis longtemps, ou bien ce sera un sol inculte, une lande.

Dans le premier cas, on donnera au sol les mêmes labours préparatoires qu'on lui donne quand il doit porter une récolte sarclée ordinaire. Nous n'avons pas besoin d'en dire davantage aux praticiens.

Dans le second cas, nous supposerons que nous avons affaire à un sol inculte depuis un temps plus ou moins long, mais dépourvu de bois. Si ce sol contient de la bruyère, nous conseillerons d'y mettre le feu par un temps sec.

Il suffira, comme on sait, de répandre sur le champ de la paille sèche et de l'enflammer, en ayant soin de veiller à ce que le feu se communique à la bruyère, qui brûle très aisément. Si le sol est couvert de grandes herbes, l'opération sera encore plus facile à exécuter. Ce premier travail fait, il s'agit de convertir la terre inculte en terre labourable. Nous ferons deux hypothèses principales, ne pouvant embrasser, dans le cadre que nous nous sommes tracé, toutes les particularités du sol. Ou la lande sera de nature argilo-siliceuse ou de nature sableuse, c'est-à-dire présentant de la consistance ou de la légèreté.

Dans la première hypothèse, nous conseillerons de pratiquer l'*écobuage* et d'opérer de la manière que nous allons décrire.

Si le sol contient sur divers points de fortes racines des souches, on les fera enlever préalablement ; puis on fera passer, sur la terre ainsi préparée, le tranche-gazon à cheval de Rey de Planazu, afin de découper toute la surface du champ en tranches transversales de mince largeur. Cet instrument est une sorte de scarificateur, à une seule rangée de coutres au nombre de six, et suffisamment pesant. On peut d'ailleurs augmenter sa pesanteur et sa stabilité en plaçant sur son châssis des pièces de bois. La pièce à laquelle sont fixés les coutres supporte deux mancherons qui servent à guider et à maintenir l'instrument. Les autres, équidistants, sont un peu recourbés en arrière, afin de présenter moins de résistance dans le sol, et ils sont assez tranchants pour pouvoir le couper en tranches parallèles de 30 centimètres de largeur. Un âge, adapté solidement à la pièce qui porte les coutres et les mancherons, vient fixer sa partie antérieure sur un avant-train ordinaire de charrue. Le tranche-gazon exige pour son tirage deux, trois ou quatre chevaux, suivant la résistance que le sol présente à l'action de ses coutres.

Aussitôt que le tranche-gazon a fait son œuvre, on fait passer une charrue ordinaire, dont le coutre est remplacé par un disque métallique suspendu au-dessous de l'âge, mobile autour de son axe et parfaitement tranchant. Cette charrue doit couper dans sa marche les lignes tracées par le tranche-gazon, suivant des perpendiculaires à ces lignes, distantes entre elles de 20 ou 30 centimètres. Il résulte de cette opération que le versoir de la charrue soulève et renverse des bandes formées de petites tranches quadrilatères de 30 centimètres carrés, ou de 20 centimètres de largeur sur 30 de longueur. L'épaisseur à donner aux tranches varie suivant que le sol contient plus ou moins de racines. Plus elle sera grande, plus évidemment les racines seront complètement enlevées, et plus copieuses seront les cendres, mais plus grand aussi sera le tirage. Cette épaisseur varie de 10 à 16 centimètres, et on met à la charrue trois ou quatre chevaux.

A mesure que les tranches sont détachées par la charrue, on les dresse en les inclinant l'une contre l'autre, comme les deux faces extérieures d'un toit, et on les laisse ainsi sécher pendant quelques jours. Quand on juge qu'elles sont suffisamment sèches, on réunit ces tranches en petits tas coniques, en forme de fourneaux, et de 1 mètre de diamètre à la base, sur 1 mètre de hauteur. On place de petites branches sèches dans un vide pratiqué au centre du cône, et c'est à ces petits fagots qu'on mettra le feu. Puis on continue de fermer les tas avec des tranches de terre, en laissant au rez-de-chaussée des petites ouvertures, que l'on ne maintient ouvertes que du côté par lequel souffle le vent. En construisant ces petits fourneaux, il est évident que l'on doit tourner vers l'intérieur les surfaces enherbées et contenant le plus de menu bois des petits quadrilatères. On doit aussi laisser quelques petits évents sur les côtés et à la partie supérieure, pour qu'il s'établisse un léger tirage, de manière que la combustion lente marche bien régulièrement ; la fumée doit pouvoir sortir, mais aucune flamme ne doit se montrer à l'intérieur.

On devra commencer, vers le 15 avril, le découpage du sol à écobuer ; il sera encore assez profondément humide pour que ce travail s'effectue sans trop de peine. Les plaques détachées se trouveront de la sorte exposées aux rayons du soleil d'été et se dessécheront par conséquent très facilement, de sorte qu'on pourra les incinérer dans le courant du mois de juin. Aussitôt l'incinération accomplie, les tas s'affaisseront sur eux-mêmes et ne présenteront plus que des monceaux de matières pulvérulentes. On les laissera refroidir, puis on les remuera de manière à bien mélanger toutes les parties, c'est-à-dire la cendre et la terre argileuse calcinée, et on répandra ce mélange sur le champ par un temps calme et légèrement humide. On doit éviter, à tout prix que les tas incinérés soient mouillés par la pluie, qui dissoudrait tous les sels solubles, au seul profit du sol sous-jacent, qui s'en trouverait ainsi sursaturé. Les cendres répandues doivent être immédiatement recouvertes par un labour superficiel, suivi aussitôt d'un hersage, afin de bien les mélanger à la terre soulevée par la charrue. Quelques jours après, on donne un second labour, de profondeur ordinaire, et on le fait suivre de deux énergiques dents de herse, en croisant la première par la seconde. Après cette série d'opérations, durant lesquelles on aura soin de ramasser les quelques grosses racines que la charrue pourrait soulever encore hors de terre, le champ sera en parfait état de labour. Il n'y aura plus alors qu'à s'occuper de la plantation des topinambours, qui, à cause de leur végétation hâtive, devra avoir lieu vers la fin de mars ou dans les premiers jours d'avril, par un temps sec et dans la terre suffisamment ressuyée.

On comprend pourquoi nous conseillons d'écobuer le sol, pour la plantation des topinambours, dans une lande argileuse. Cette plante, ainsi que l'ont démontré les expériences de MM. Girardin et Dubreuil que nous avons rapportées, demande un terrain qui ne présente pas une grande consistance. Or, l'écobuage a précisément pour effet immédiat de détruire cette trop grande consistance des terrains argileux, et de les rendre friables, poreux, perméables à l'air atmosphérique, plus facilement pénétrables aux racines. Il a aussi, comme chacun sait, la plus heureuse action chimique, en augmentant, dans une proportion considérable, les substances minérales immédiatement disponibles et qui se trouvaient en grande partie dans les végétaux, ces condensateurs puissants de sels solubles, à base de potasse et de chaux et acide phosphorique entre autres, et qui, dans les circonstances normales de leur décomposition, n'auraient été mis que très lentement et par très petites parcelles à la libre disposition des récoltes; enfin, en pénétrant le sol des principes volatils ammoniacaux ou autres qui ont pris naissance durant la lente combustion de ces mêmes végétaux. L'écobuage a eu encore pour résultat, ce qui n'est point à dédaigner, de purger le sol de toutes les graines, de plantes salissantes et de tous les insectes avec leurs larves accumulées par le temps dans le sol de la lande.

Si, parmi les terrains sablonneux, légers, les sols silicieux, dont nous allons nous occuper, souffrent de l'écobuage, les sables calcaires, les sols crayeux, au contraire, se trouvent généralement bien de cette opération. Une partie du carbonate de chaux se trouve ainsi transformée en oxyde de calcium (chaux), qui condense probablement l'acide azotique de l'atmosphère, que les eaux pluviales lui apportent surtout dans les temps d'orage. C'est ainsi que les sols crayeux de l'Angleterre sont soumis à une répétition régulière de l'écobuage, au bout d'un laps de temps plus ou moins long. On conçoit que les terrains tourbeux à acides végétaux, se trouvent aussi très bien de cette opération, quand ils ont été préalablement assainis. Disons enfin, ce qui ne surprendra personne, que l'écobuage combiné, avec le drainage donne, dans les terrains argileux, des résultats magnifiques, surtout lorsqu'on a soin de chauler en même temps le terrain à la dose d'environ 100 hectol. à l'hectare. Il faut toutefois bien se garder de multiplier les récoltes épuisantes sur un terrain écobué, car on arriverait rapidement et infailliblement à une stérilisation des plus complètes. « Un terrain écobué, dit Mathieu de Dombasle, est comme un cheval ardent : un voiturier inhabile peut aisément en abuser, mais on peut en tirer d'excellents services au moyen de ménagements convenables. » Quand vient le moment de la fumure, après la deuxième récolte, il faut donner au terrain écobué un engrais complet, c'est-à-dire riche en matières azotées et carbonées, en acide phosphorique, en calcaire et en alcalis.

L'écobuage, tel que nous venons de le décrire rapidement, revient, frais, chaulage et intérêts compris, à environ 550 ou 600 fr. l'héctare et peut aisément produire 9 p. 100 du capital engagé dans cette opération.

Si le sol de la lande qu'on destine au topinambour est *siliceux*, si c'est une *terre de bruyère*, on devra, si cela est nécessaire pour que la charrue puisse aisément fonctionner, enlever à la pioche la souche des végétaux et des petits arbustes qui croissaient sur ce sol et que l'on a brûlés. On réunira en petits tas, disposés sur le champ de distance en distance, ces touffes de racines et les menus bois mal brûlés, et on les réduira en cendres, que l'on répandra sur le sol, auquel on donnera immédiatement deux coups de scarificateur ; puis après, un labour superficiel suivi d'un hersage; enfin, un second labour de profondeur ordinaire, suivi de deux dents de herse énergiques et croisées, comme nous avons dit à propos de l'écobuage, et le champ sera ainsi suffisamment préparé(1). Il n'y aura plus à donner que les façons nécessaires pour la plantation, façons dans lesquelles le plombage du sol par un rouleau assez lourd devra jouer un rôle important(2).

*Engrais qui conviennent au topinambour.* — Doué d'une puissance d'assimilation extraordinaire, d'une activité vitale des plus grandes, le topinambour est la moins exigeante en engrais de toutes les plantes à racines alimentaires. Nulle ne jouit à un aussi haut degré qu'elle de la pré-

(1) Cette pratique a été exécutée de tous points, sous nos yeux, par M. Devay, ancien élève de Roville. Cet agriculteur a obtenu du champ ainsi traité, et dans l'année même de son défrichement, avec le secours du guano, une magnifique récolte de carottes sur une partie, et de très-belles pommes de terre sur l'autre. Les topinambours y auraient donné des produits plus beaux encore.

(2) Nous n'avons point la prétention d'avoir traité d'une manière suffisante, dans les quelques lignes qu'on vient de lire, la question générale des défrichements Nous ne nous sentons d'ailleurs nullement de force à entreprendre une pareille œuvre. Mais nous pouvons indiquer de bons guides à ceux qui voudraient se livrer à ce laborieux travail agricole : c'est ainsi que nous leur recommandons l'*Agriculture de l'Ouest de la France*, renfermant ce que nous possédons de mieux sur la matière; les travaux de M. Rieffel; enfin, les écrits de MM. de Romanet, Chambardel, Moll et Trochu.

cieuse faculté d'extraire de l'air et du sol, pour les condenser dans sa substance, les matières salines et les composés azotés binaires et ternaires, tels que l'ammoniaque et les azotates de l'atmosphère, et les phosphates et les carbonates terreux et alcalins, inappréciables à l'analyse chimique, du champ où on le cultive et de l'eau de pluie que lui versent les nuages. Aussi, avons-nous vu cette plante donner des produits passables dans des terres très médiocres, et sans recevoir d'autre engrais que celui qu'elle s'était procuré elle-même en condensant dans ces feuilles, qu'on laissait sur le champ, les composés fertilisants dont nous venons de parler; et Kade rapporte-t-il, comme nous l'avons dit, avoir vu produire, pendant plus de trente ans, une bonne récolte de tiges et de tubercules, sur un terrain de l'Alsace, auquel on ne donnait ni soins culturaux ni engrais.

Toutefois, nous sommes loin de conseiller de cultiver le topinambour sans engrais et sans soins, d'autant mieux que peu de plantes utiliseront mieux les substances fertilisantes et les cultures d'entretien qu'on lui donnera. Le meilleur moyen de déterminer les engrais qui conviennent à une plante, est de le demander à l'analyse chimique de sa partie organique et de ses cendres. M. Boussingault va nous donner, à cet égard, tous les renseignements dont les plus difficiles peuvent avoir besoin.

Dans sa propriété de Bechelbronn, en Alsace, cet agronome fume, tous les deux ans, ses topinambours avec vingt-cinq voitures de fumier à l'hectare, soit 22,725 kilogrammes par année, et l'analyse lui a permis d'établir, dans le tableau suivant, le rapport qui existe entre la quantité de matière organique et minérale enfouie dans le sol comme engrais et la quantité des mêmes matières qui se retrouve dans les produits récoltés :

TABLEAU DU RAPPORT EXISTANT ENTRE LA MATIÈRE ORGANIQUE ET MINÉRALE ENFOUIE COMME ENGRAIS DANS LE SOL, ET LA QUANTITÉ DES MÊMES MATIÈRES SE RETROUVANT DANS LES PRODUITS RÉCOLTÉS

| SUBSTANCES | RÉCOLTE par hectare par année | RÉCOLTES SÈCHES | CARBONE | HYDROGÈNE | OXYGÈNE | AZOTE | SELS et TERRES |
|---|---|---|---|---|---|---|---|
| Tubercules. . . . | 26,440 k | 15,550k | 2,381 k 5 | 319 k 0 | 2,381 k 5 | 88 k 0 | 330 k 0 |
| Tiges ligneuses. . | 14,100 | 12,281 | 5,612 4 | 663 2 | 5,612 4 | 49 1 | 343 9 |
| Somme . . . . . | 40,540 | 17,781 | 7,993 9 | 982 2 | 7,993 9 | 137 1 | 673 9 |
| Engrais pour une année. . . . . | 22,725 | 4,707 | 1,684 0 | 197 6 | 1,213 6 | 94 1 | 1,514 7 |
| Différence . . . . | . . . . | +13,074 | +6,309 9 | +784 6 | +6,780 3 | +43 0 | -- 840 8 |

Il résulte de ce tableau que la culture du topinambour est une culture des plus améliorantes, puisque la matière organique de la récolte dépasse celle de l'engrais dans une proportion considérable. Notons surtout, en passant, ce point sur lequel nous reviendrons bientôt, qu'une récolte, par hectare, de 26,440 kilogrammes à l'état normal, ou de 5.550 kilogrammes à l'état sec, prend dans l'atmosphère 43 kilogrammes d'azote.

Demandons-nous maintenant de quoi se composent les 673 kilogrammes 9 décagrammes de matières salines de la récolte. Une autre analyse de M. Boussingault nous apprend ce qui suit ;

100 kilogrammes de cendres de topinambour renferment :

| | |
|---|---|
| Acides carbonique. . . . | 11,0 |
| Acides sulfurique . . . . | 2,2 |
| Acides phosphorique. . . | 10,8 |
| Chlore . . . . . . . . . | 1,6 |
| Chaux. . . . . . . . . | 2,3 |
| Magnésie . . . . . . . . | 1,8 |
| Potasse . . . . . . . . . | 44,5 |
| Soude. . . . . . . . . . | traces. |
| Silice. . . . . . . . . . | 13,0 |
| Oxyde de fer, alumine, etc. | 5,2 |
| Charbon, humidité, perte. . | 7,6 |
| | 100,0 |

C'est-à-dire, que déduction faite de l'acide carbonique qui n'existait pas dans la plante, et que l'on doit considérer comme un produit de la combustion, comme le fait remarquer M. Boussingault, une récolte sèche de 5,550 kilogrammes enlève, par hectare, les quantités suivantes de substances minérales :

| | |
|---|---|
| Acides { phosphorique. . . | 35,6 |
| Acides { sulfurique . . . . | 7,3 |
| Chlore . . . . . . . . . . | 5,3 |
| Chaux. . . . . . . . . . | 7,6 |
| Magnésie . . . . . . . . | 5,9 |
| Potasse et soude . . . . . | 146,8 |
| Silice . . . . . . . . . . . | 42,9 |
| Oxyde de fer, alumine, etc. | 17,2 |
| Carbone et autres substances minérales, perte . . . . | 61,4 |
| | 330,0 |

Ces analyses nous fournissent évidemment une réponse péremptoire à la question que nous nous sommes posée : Quels sont les engrais qui conviennent le mieux au topinambour? Elles démontrent, en effet, que ce sont ceux qui, parmi leurs parties constituantes, renferment la plus grande quantité d'acide phosphorique et de potasse. La proportion de ces oxydes étant connue dans un engrais, le plus simple calcul permet de déterminer la dose qu'on doit en employer, par hectare de topinambour, pour obtenir une récolte déterminée comme but.

Raisonnons au point de vue des fumiers de

ferme, et supposons qu'on veuille obtenir une récolte moyenne de 25,000 kilogrammes de tubercules et 14,000 kilogrammes de tiges à l'hectare

Le fumier de ferme normal, c'est-à-dire, mélangé d'excréments de vaches, de chevaux, de moutons, de porcs et de litière, présente la composition suivante par kilogramme :

| | | |
|---|---|---|
| Eau. | | 793 grammes. |
| Carbone. | | 74 |
| Hydrogène | | 9 |
| Oxygène. | | 53 |
| Azote | | 4 |
| Acides | carbonique. | 1,340 |
| | phosphorique. | 2,010 |
| | sulfurique | 1,273 |
| Chlore. | | 0,402 |
| Silice, sable, argile | | 44,588 |
| Chaux. | | 5,762 |
| Magnésie. | | 2,412 |
| Oxide de fer, alumine | | 4,087 |
| Potasse et soude | | 5,126 |
| | | 1,000,000 |

Pour fournir à notre récolte de topinambours l'acide phosphorique qu'elle contient, il faudra lui donner 18,000 kilogrammes de fumier, ou 26 mètres cubes du poids de 700 kilogrammes le mètre cube.

En effet, puisque 2 grammes d'acide phosphorique sont contenus dans 1,000 grammes ou 1 kilogramme de fumier normal, 1 kilogramme d'acide se trouvera renfermé dans 500 kilogrammes de fumier, et par conséquent, 35 kilogramme d'acides devront être demandés à 500 fois 35 kilogrammes 600 grammes, ou 17,800 kilogrammes de fumier normal, soit 18,000 kilogrammes. Mais, pour lui fournir toute la quantité de potasse et de soude qu'elle présente dans la composition de ses cendres, il faut, d'après un calcul anologue à celui que nous venons de faire, fumer le sol à la dose de 30,000 kilogrammes de fumier normal par année et par hectare, soit 40 mètres cubes. Si nous avions apprécié la fumure à donner au point de vue de l'azote, le calcul nous eût conduit, en nous fondant sur les résultats du tableau que nous avons donné d'après M. Boussingault, à demander cet azote à 23,500 kilogrammes de fumier normal; et c'est en effet cette fumure que le savant professeur donne au topinambour dans sa ferme de de Bechelbronn : 45,450 kilogrammes tous les deux ans, ou 25 voitures.

Dans les exploitations où la culture reposerait sur des défrichements, et où par conséquent le fumier de ferme ne se rencontrerait pas en quantité suffisante, comme dans les fermes où cet engrais fondamental fait défaut, pour une cause ou pour une autre, et où l'on prendrait le sage parti, surtout dans la première situation, de cultiver le topinambour sur une grande échelle, on devrait demander aux engrais artificiels l'approvisionnement alimentaire de cette plante. A cet égard, nous rappellerons aux défricheurs le *noir animal* si riche en acide phosphorique, et dont les expériences de MM. Rieffel, de Romanet et Chambardel, et les travaux analytiques de M. Bobierre ont démontré, d'une manière saisissante, les propriétés si précieuses pour les défrichements des landes. Un moyen d'économiser le fumier dans la plantation des topinambours consiste à les traiter comme on fait dans l'Alsace, la terre classique de cette plante : on place les tubercules à la main, dans une petite fosse, sur la quantité de fumier qu'on lui destine; puis on le recouvre, soit avec le pied, soit avec la houe. M. Dujonchay, qui cultive le topinambour en grand dans le département de l'Allier emploie dans tous les terrains l'engrais Jauffret; les chiffons de laine, le tourteau et les cendres lessivées, autrement dit les charrées, daus les sols argilo-siliceux. Voici comment cet agriculteur dispense ces engrais à la plante : il met sur chaque tubercule une forte poignée de fumier très consommé, d'engrais Jauffret ou de charrée; mais pour les tourteaux et les chiffons, il procède d'une manière bien plus parcimonieuse encore. Un kilogramme de chiffons hachés, rapporte M. Girardin, fume très convenablement trente plants, ce qui fait à peu près 30 grammes par tubercule. Le chiffon se place au-dessus et le tourteau se met à côté, au moyen d'une petite mesure en fer-blanc, un peu plus grande qu'un éteignoir et ayant la même forme; elle contient 24 à 25 grammes de tourteau. M. Dujonchay replante tous les ans ses topinambours. Un procédé de fumure, qui nous semble très simple et très profitable, consiste à arroser les lignes au mois de février avec du purin ou des urines et de la matière fécale, délayés et mélangés à de l'eau dans la proportion d'une partie de ces matières pour quatre parties d'eau environ. Quand on se sert de fumier de ferme à la dose de 30,000 kilogrammes, que nous avons indiquée ci-dessus, la fumure en couverture nous paraît excellente (1). Quant aux cendres lessivées ou non, on les répand sur le sol par un temps calme et humide, et on les enterre à l'aide d'un coup de herse, qu'on devra faire suivre d'un rouleau dans les sols légers, lesquels comme l'on sait, conviennent surtout au topinambour.

Déterminons, au point de vue de l'acide phospho-

(1) Nous recommanderons de bien se garder de *sulfater* le fumier destiné au topinambour. L'acide sulfurique, en convertissant en sulfate le carbonate de potasse, rendrait inerte ce sel si précieux pour la culture qui nous occupe. D'ailleurs, l'emploi de l'acide sulfurique dans les fumiers faits avec soin est inutile et même nuisible pour toutes les plantes.

rique, la dose du noir animal qu'il conviendrait d'employer pour fumer un hectare de topinambour. Le noir, qui nous semble mériter la préférence des cultivateurs des sols de landes, est le noir désigné par M. Bobierre sous le nom de *noir grain*, ayant servi une fois à la clarification des sirops (1).

Ce noir contient, pour 1,000 parties, 11,700 d'azote, et, aussi pour 1,000, 0,780 de phosphate calcique des os, soit 780 grammes par kilogramme de matières minérales.

Calculons la dose d'acide phosphorique que contiennent ces 780 grammes.

Le phosphate de chaux des os, désigné en chimie par la formule $3(CaO)\ Ph\ O^5$, présente la composition centésimale suivante :

| | |
|---|---|
| Oxyde de calcium, 3 (CaO) . . . . | 53,83 |
| Acide phosphorique ($PhO^5$) . . . . | 46,16 |
| | 100,00 |

Donc la proportion :

$$46,16 : 100 :: x : 0,780$$
$$x = 0,360$$

nous donne la quantité d'acide phosphorique contenue dans 780 grammes de phosphate calcique de

(1) Nous ne saurions trop recommander aux cultivateurs des sols de landes qui ont l'heureuse habitude de soumettre au raisonnement leurs opérations d'engrais, de lire la brochure que M. Bobierre a publiée sous le titre de *Considérations théoriques et pratiques sur l'action des engrais*, et celle de M. de Romanet sur le *noir animal*.

notre noir, et cette quantité est représentée par le nombre

0,360

c'est-à-dire, que 1 kilogramme de matières minérales de noir grain, que nous voulons employer, nous donnera 360 grammes d'acide phosphorique ; par conséquent, les 36 kilogrammes d'acide dont nous avons besoin pour notre culture de topinambour seront contenus dans 1,000 kilogrammes de ces matières minérales, lesquels sont renfermées dans environ 500 kilogrammes ou 6 hectolitres de noir grain ayant servi une fois à la clarification, du prix de 17 fr. l'hectolitre, soit, une dépense annuelle de 102 fr. par hectare.

C'est, on le voit, une fumure très commode et très-économique pour les sols de landes, lesquels présentent toujours une assez grande quantité de sels potassiques, ainsi que le démontrent les oxalis et les rumex que l'on y rencontre très abondamment. Disons, en terminant cette partie de notre travail, qu'il importe au plus haut degré de bien fumer le topinambour. Nulle plante n'utilise mieux que lui les engrais, et nulle n'est plus créatrice de matière alimentaire, c'est-à-dire de viande, et, par suite, d'engrais nouveau, de profits en un mot. D'ailleurs, tout agriculteur intelligent, comprenant bien ses intérêts, doit toujours se proposer d'obtenir le maximum de récolte de chacune des plantes qu'il cultive; c'est le seul moyen de les avoir au prix de revient le plus bas, et c'est là, nul ne le contestera, la cause la plus puissante des gros bénéfices, qui sont le but évident de toute culture rationnelle. Or, tout maximum de récolte correspond à un maximum d'engrais aisément calculable, comme l'a démontré M. de Gasparin. En parlant bientôt de la récolte des tiges et des tubercules du topinambour, nous indiquerons encore un moyen bien simple d'accroître, d'une manière constante et progressive, la fécondité productrice du sol qui lui est consacré, et partant d'atteindre ce maximum économique dont nous venons de parler.

*Plantation des tubercules.* — Ainsi que nous l'avons déjà dit, les tubercules des topinambours, étant doués d'une végétation très précoce, doivent être mis en terre de bonne heure, dans le courant du mois de mars par exemple. On peut, d'ailleurs, comme ils ne craignent pas la gelée, les planter durant tout l'hiver, quand l'état de l'atmosphère et du sol le permet, et c'est un grand avantage qui débarrasse au printemps d'un surcroît de travail, les besoins de main-d'œuvre étant toujours très considérables à cette époque. Les tubercules de topinambour, mis en terre durant l'hiver, n'en donneront que des plantes plus vigoureuses.

On ne doit point couper les tubercules pour la plantation. Il vaut mieux ne planter que de petits tubercules, du poids de 50 grammes par exemple; mais on ne doit point rejeter les tubercules fanés, car on peut les planter sans crainte, à la condition, toutefois, de les laisser dans l'eau tremper préalablement durant deux jours.

On plante les topinambours exactement comme les pommes de terre. Le meilleur mode est de les mettre en terre derrière la charrue, en les piquant avec la main sur la bande de terre renversée et vers le fond de cette bande. Si les tubercules qu'on emploie sont très petits, on en dépose deux ou trois à chaque place. Le topinambour puisant dans l'air une grande partie de sa nourriture, à l'aide de ses nombreuses feuilles, il est nécessaire que l'air circule librement entre chaque pied, c'est-à-dire qu'ils doivent être convenablement espacés. On pourra d'ailleurs, de cette manière, leur donner plus aisément et d'une manière énergique les deux binages qui sont à peu près les seuls travaux de culture qu'ils réclament chaque année, en dehors de la fumure, mais qui doivent être faits avec soin. Aussi conseillerons-nous, en plantant les topinambours, de mettre les rangs à une distance de 80 centimètres les uns des autres et d'espacer les pieds, dans chaque rang, de 60 centimètres. On obtiendra ainsi environ 21,000 pieds par hectare.

Après la plantation, un premier binage est donné aussitôt que la terre commence à se salir de mauvaises herbes, c'est-à-dire vers le mois de mai. Puis on en donne un second vers le 1er juin. Il est rare qu'il soit nécessaire de faire trois binages, surtout si la fumure a été donnée avec du fumier bien consommé, dont une fermentation complète ait détruit la faculté germinative des mauvaises graines, ou mieux encore avec les engrais artificiels ou commerciaux, dont nous avons parlé naguère. Ces sortes d'engrais ont, en effet, le grand avantage de ne point salir le sol auquel on les consacre. Les travaux de binage, pour être économiques, doivent être effectués avec la houe à cheval ; mais pour les donner avec cet instrument, il faut, ou replanter tous les ans le champ à neuf, ou, ce qui vaut mieux selon nous, régulariser les lignes et la place occupée par les plants, comme le fait M. Crussard. Si l'on se bornait à laisser croître le topinambour comme l'arrachage précédent aurait disposé les tubercules qui restent en terre, on ne pourrait les biner qu'à la main. Nous ne pouvons nous empêcher de blâmer cette culture négligée, le topinambour, quoique très rustique, ne doit point être traité avec autant d'insouciance, il ne faut pas lui donner avec avarice les soins peu nombreux qu'il réclame : soignons-le au contraire avec amour pour son peu d'exigence, il saura s'en montrer reconnaissant par une bonne récolte; nulle plante n'est moins ingrate que lui; nous le répétons, nulle ne payera mieux les cultures et l'engrais qu'on lui consacrera. Il ne faut jamais oublier qu'en culture surtout, la véritable, la sage économie consiste dans les dépenses bien faites.

Est-il nécessaire de butter le topinambour? Nous laissons à nos lecteurs le soin de répondre à cette question, qui nous paraît susceptible de varier suivant les circonstances dans lesquelles chaque cultivateur se trouve placé. C'est ainsi que M. Crussard regarde les buttages comme nuisibles dans la contrée où il exploite. — Tels sont les soins de culture que demande le topinambour. On voit que nous avions raison de dire que nous ne connaissions pas de plantes sarclées aussi peu exigeantes que lui. Tout se réduit pour la première année, après avoir répandu l'engrais, à la plantation la plus simple, derrière la charrue, à moins qu'on ne préfère donner la fumure à mesure que l'on plante chaque tubercule, et à deux binages énergiques à la houe à cheval. Quant aux années qui suivent celle de la plantation, il n'y a qu'à régulariser la position des plants, de manière à les maintenir en ligne et convenablement espacés, travail qui s'exécute à la main avec la plus grande rapidité, et à biner aux deux époques que nous avons déterminées. Puis le cultivateur n'a plus qu'à attendre de l'état du ciel l'humidité et la chaleur nécessaires pour permettre aux tiges et aux tubercules de se développer en nombre et en volume, jusqu'à l'époque de la récolte.

*Récolte des tiges et des tubercules.* — Le topinambour donne un double produit, comme nous l'avons déjà dit, des tiges et des tubercules. Nous allons décrire séparément leur récolte. — *Tiges* : « Les feuilles du topinambour sont employées comme fourrage dans quelques localités. La cueillette des tiges se fait à diverses époques de l'année. Il peut être lucratif de les destiner ainsi à la nourriture du bétail ; mais je crois qu'il faut opter entre la récolte en vert et celle des tubercules. Il m'a toujours paru hors de doute que l'enlèvement prématuré des tiges nuisait au développement des racines. Pour m'éclairer sur cette question, j'ai fait, en 1847, l'expérience que je vais décrire. Dans une plantation de topinambour bien régulière, on a remarqué deux surfaces, A et B, ayant chacune la moitié d'un are. Le 16 juillet, les tiges, très garnies de feuilles ayant près de 1 mètre de hauteur, ont été coupées sur la surface A.

| | |
|---|---|
| « Elles ont pesé . . . . . . . . . . . | 78 kilog. |
| « Le 25 octobre une deuxième coupe a pesé . . . . . . . . . . . . . . . | 50 |
| | 128 kilog. |

« Les tiges et les feuilles ont été consommées avec avidité par le bétail.

« On a déterré les tubercules de la plantation le 25 février 1848.

« De la surface A, ayant donné deux coupes de fourrage vert.

| | | |
|---|---|---|
| « On a retiré, tubercules. . . . | 29 kil. | 700 gr. |
| « De la surface B, laissée intacte. | 120 | 300 |
| « Et de plus, tiges ligneuses sèches. . . . . . . . . . . | 48 | » |

« Si, pour faciliter la comparaison, on rapporte les résultats à ce qu'ils auraient été sur un hectare, en exprimant leur valeur nutritive en foin, on a :

« Culture A, ayant fourni du fourrage vert et des tubercules,

| | | | |
|---|---|---|---|
| Tiges et feuilles vertes. . | 25,600 k. | équivalant à foin, | 6,250 k. |
| Tubercules. . . . . | 5,940 | id. | 2,070 |
| | | | 8,320 k. |

« Culture B, n'ayant pas fourni de fourrage vert,

| | | | |
|---|---|---|---|
| Tubercules. . . . . | 24,000 k. | équivalant à foin, | 8,383 k. |

« Si l'on ne tient pas compte des 960 kilos de tiges sèches, cette expérience démontrera qu'au point de vue de la production de la matière alimentaire, il est indifférent d'enlever ou de laisser les tiges vertes. Ce point établi, on en tire cette conséquence: c'est que, dans le cas où le trèfle viendrait à manquer, on pourrait utiliser la plantation de topinambour comme une sorte de fourrage vert. »

Cette intéressante expérience de M. Boussingault démontre, par la judicieuse conséquence qu'en tire le savant agronome, la haute importance de l'introduction du topinambour, suivant une proportion raisonnable, dans les récoltes sarclées de toutes les grandes fermes. On ne saurait trop apprécier le précieux avantage qu'il offre de parer au défaut de fourrage vert dans les années qui sont contraires à la production de ce fourrage si utile, et qui fait de lui, pour le Nord, l'équivalent du maïs-fourrage dans le Midi.

Toutefois, il ne faut pas abuser de ces avantages et préférer la récolte de fourrage vert à celle des tubercules, si précieuse pour l'alimentation durant l'hiver. La récolte alimentaire des jeunes tiges doit être l'exception dans la culture du topinambour, la production des tubercules sera la règle; et il est évident que si l'on cultive cette plante au point de vue de l'alcoolisation, annexée à la culture ordinaire, l'exception ne doit jamais être mise en œuvre. Qu'on ne pense pas, d'ailleurs, que les tiges desséchées, ligneuses, seront sans emploi dans une ferme, surtout dans une distillerie. Écoutons encore M. Boussingault pour nous convaincre de leur haute valeur comme combustible : « Le produit en tiges ligneuses, enlevées pendant l'hiver sur un hectare, a été, pendant plusieurs années, 14,000 kilogrammes, ou 53 pour 100 de tubercules ; en 1847, 9,600 kilogrammes, soit 40 pour 100 de tubercules.

« Schwertz évalue le rendement moyen des fanes sèches de topinambour de 7 à 8,000 kilogrammes par hectare.

Ce produit en ligneux, le plus souvent utilisé comme combustible est considérable : *adoptant le rendement le plus faible, celui indiqué par Schwertz, et prenant 400 kilogrammes pour le poids d'un stère de bois de chauffage, on trouve qu'un hectare de topinambour fournit par an l'équivalent de 19 stères de bois !* »

Voici de quelle manière nous avons fait faire et nous conseillons de pratiquer la récolte des tiges :

Vers les premiers jours d'octobre, par un beau temps, des femmes, à l'aide d'une forte faucille, coupent les tiges à 20 centimètres au-dessus du sol, de manière que les lignes restent bien visibles et qu'il soit ainsi facile de trouver les pieds qu'il faudra fouiller à la récolte des tubercules ; d'autres femmes, saisissant la tige coupée de la main gauche et à l'extrémité supérieure, la *râpent* du haut en bas avec la main droite, de manière à faire tomber leurs nombreuses feuilles sur le sol, puis elles rassemblent et lient, en bottes de 50 à 60 centimètres de diamètre, les tiges coupées et effeuillées ; enfin, on réunit ces bottes en faisceau, debout, de sept à huit, et on recouvre chaque faisceau avec une très grosse botte, liée solidement vers la partie inférieure des tiges qui la composent. On place cette gerbe, la petite extrémité des tiges dirigée en bas, en forme de toit, présentant l'aspect d'un tronc de cône. Ainsi disposées, les tiges atteignent, malgré les mauvais temps, le degré de dessiccation convenable pour qu'on puisse les rentrer et les brûler, soit comme bois ordinaire de chauffage, soit comme combustible pour le four à cuire le pain, soit pour chauffer les fourneaux de la distillerie, si l'on en possède une.

L'emploi comme combustible des tiges ligneuses sèches du topinambour n'est pas le seul parti qu'on en puisse tirer. La moelle, qui en forme la plus grande partie, absorbe une très grande quantité de déjections liquides. On peut donc les faire entrer pour une assez forte proportion dans la litière des bêtes bovines et surtout des porcs, en les plaçant sous de la paille ou sous une litière plus fine, quelle qu'elle soit. Le fumier qu'elles serviraient à recueillir devrait être évidemment consacré aux champs de topinambour dont elles proviennent : car, ainsi que chacun sait, un des grands principes de l'économie rurale consiste à ne point exporter, sans compensation, les matières fécondantes du terrain que l'on cultive. Aussi, fidèle à ce principe, recommanderons-nous de répandre sur les champs de topinambour, et lors du premier binage, les cendres qui auront été obtenues par l'incinération des tiges. On rapportera de la sorte dans le sol une très grande partie des sels minéraux, c'est-à-dire, des phosphates et des sels potassiques que la récolte a pris pour se développer ; ces principes fertilisants, rendus au sol qui les avait fournis, combinés avec ceux que l'on y a laissés en répandant les feuilles à sa surface lors de l'enlèvement des tiges, permettront ou de diminuer la quantité annelle d'engrais, comme nous l'avons dit, ou d'augmenter dans une forte proportion, qu'on ne s'y trompe pas, la faculté productrice du terrain et par conséquent le rendement en tiges et en tubercules. C'est une circulation non interrompue de profits progressifs de la ferme aux champs et des champs à la ferme.

Essayons d'évaluer approximativement les quantités d'azote, d'acide phosphorique et de potasse, qu'on restituera chaque année dans le sol, en suivant la pratique que nous venons de décrire.

D'après M. de Gasparin :

100 de tubercules frais correspondent, dans la plante entière à :

| | |
|---|---|
| Tiges fraîches. . . . . . . . . . | 54 |
| Feuilles fraîches . . . . . . . . . | 42 |
| Tiges et feuilles fraîches . . . . . | 96 |

| | |
|---|---|
| Et 100 de tubercules frais contiennent. | 0,326 azote. |
| 54 de tiges (à 0,063 p. 100). . . . | 0,034 |
| 42 de feuilles (à 0,800 p. 100). . . | 0,336 |
| 100 de tubercules exigent l'emploi de. . | 0,696 |

Donc, en laissant les feuilles sur le champ et en rapportant les tiges sous forme de fumier, sans compter les déjections animales qui leur sont unies, on donne au champ, pour 100 de tubercules de la récolte, 0,370 d'azote, soit 0,370 grammes pour 100 kilogrammes de tubercules ; c'est-à-dire 94 kilogrammes d'azote pour une récolte moyenne de 25,000 kilogrammes de tubercules, autant d'azote, en un mot, qu'en renferment 23,500 kilogrammes de fumier normal. Les tiges et les feuilles d'une récolte de 25,000 de tubercules correspondent donc, au point de vue de l'azote, à la fumure nécessaire, en fumier de ferme, pour obtenir cette même récolte. Ce fait explique parfaitement comment Kade a pu voir un terrain planté de topinambours donner, pendant trente-trois ans, de très beaux produits en tubercules, et des tiges de 2 et 3 mètres de hauteur, sans recevoir aucun engrais du dehors ni aucune façon.

Si nous brûlons les tiges et si nous ne laissons que les feuilles sur le sol, nous conserverons, par 42 kilogrammes de feuilles, 336 grammes d'azote, soit 8 grammes d'azote par kilogramme de feuilles fraîches. Or, en n'estimant les feuilles fraîches qu'au tiers du poids des tubercules, ce qui est au-dessous de la vérité, puisque leur rapport à ces tubercules est comme 42 est à 100, le calcul indique, par hectare et pour la récolte moyenne de 25,000 kilogrammes de tubercules, que nous avons adoptée comme base, le poids de 8,333 kilogrammes de feuilles fraîches, lesquels dosent 66 kilogrammes 664 grammes d'azote, correspondant à 16,000 kilogrammes de fumier de ferme. Dans le cas qui nous occupe, il suffirait de porter sur le champ environ 10,000 kilogrammes, ou 14 mètres cubes de fumier; c'est-à-dire qu'on peut ainsi, et sans compromettre la récolte, diminuer la fumure annuelle, à partir de la première année, de 16,000 kilogrammes, et n'en porter que 8 à 10,000, en d'autres termes, économiser, par trois hectares de topinambour, la fumure d'un hectare et demi d'un autre terrain, à la dose plus qu'ordinaire de 32,000 kilogrammes à l'hectare. Si enfin nous continuons à donner, chaque année, nos 23,000 kilogrammes de fumier, comme le fait M. Boussingault, et en laissant toujours les feuilles sur le champ, les produits en tubercules devront augmenter, car la fertilité du sol ira toujours croissant, et, les engrais se capitalisant en terre, comme l'a parfaitement démontré M. François Bella (1), la valeur des terrains augmentera évidemment d'une façon progressive.

Nous n'avons jugé qu'au point de vue de l'apport de l'azote le résultat de la pratique que nous avons conseillée pour la récolte du topinambour. Devons-nous nous attendre, nous demanderons-nous, à un résultat analogue au point de vue de l'apport des principes minéraux tels que l'acide phosphorique et la potasse? Évidemment oui, et le résultat serait plus grand encore. Les analyses des chimistes, notamment celles de M. Berthier, démontrent, en effet, que les matières minérales sont réparties de la manière suivante dans les diverses parties constituantes d'un végétal : les feuilles et le chevelu de la racine sont celles qui en renferment la plus grande quantité; puis viennent les petites branches et les petites racines, puis les branches et les racines plus fortes ; enfin les grosses branches et les grosses racines, et, en dernier lieu, le tronc. On peut donc évidemment admettre qu'en laissant les

(1) *Annales agronomiques de Grignon*, 26e livraison.

feuilles sur le champ de topinambouret lui rapportant les tiges sous forme de fumier ou de cendres et toute la racine, moins la partie tubéreuse restant dans la terre, on conservera dans le sol au moins la moitié des sels minéraux contenus dans la récolte entière de 25,000 kilogrammes de tubercules et 14,000 kilogrammes de tiges et feuilles fraîches, c'est-à-dire, pour l'acide phosphorique et la potasse, parties les plus importantes de ces sels :

| | | |
|---|---|---|
| Acide phosphorique. . . . | 18 | kilogrammes. |
| Potasse . . . . . . . . . . | 74 | — |

Ainsi donc, à l'égard de ces substances comme à l'égard de l'azote, il suffira, pour compléter la dose nécessaire, d'apporter 10,000 kilogrammes de fumier ou leur équivalent en un des engrais dont nous avons parlé plus haut. Toutefois, nous ne saurions trop le répéter, qu'on ne se méprenne pas sur le but de nos calculs, nous n'avons point l'intention d'engager les cultivateurs à se dispenser de fumer à haute dose leur culture de topinambour alors qu'ils peuvent le faire. Nous voulons seulement rassurer ceux qui croient que cette culture ne peut être abordée qu'avec de grandes masses d'engrais, et leur présenter cette plante dans son véritable rôle, qui est d'être plutôt un créateur qu'un consommateur d'engrais.

*Tubercules*. — Occupons-nous maintenant de la récolte des tubercules. Nous avons déjà dit que, les topinambours ne redoutant point la gelée, on pouvait parfaitement se dispenser de les rentrer en magasin ou en silos, comme on est obligé de le faire pour les autres racines, et ne les arracher qu'au fur et à mesure des besoins. Nous devons ajouter ici que, si le topinambour ne redoute pas les froids les plus vifs, l'excès d'humidité lui est horriblement nuisible et le fait pourrir. Si donc le sol où ils se trouvent avait à souffrir l'hiver de l'humidité, il faudrait les mettre nécessairement en silos, en les alternant avec des lits de terre ou mieux avec du sable, et en prenant toutes les précautions nécessaires pour éviter l'eau (1). Si l'on dispose de vastes caves bien saines, on peut y déposer aussi les tubercules, en ayant soin de les recouvrir de paille ; ils s'y conserveront très bien. Dans ces circonstances, on commence à les récolter dans le courant d'octobre, en profitant des derniers beaux jours. Mais, si le sol qui les a portés est sec, on peut, sans crainte aucune, leur laisser passer l'hiver en terre et ne les aller chercher

(1) Il résulte évidemment de ce que nous venons de dire que le drainage est indispensable à la bonne culture du topinambour dans les sols et les climats humides où l'on voudra l'introduire. Ce qu'il réclame avant tout, est un terrain bien sain.

qu'autant qu'on en a besoin, soit pour alimenter les étables, soit pour alimenter la distillerie. On doit avoir soin, dans la récolte des tubercules, de bien fouiller autour de chaque pied ; bien qu'on ne se propose pas de replanter le champ au printemps, on ne doit pas craindre qu'il ne repousse pas assez de plants. La récolte doit être achevée au commencement du mois d'avril.

*Rendement.* — Le rendement le plus faible en tiges sèches est, ainsi que nous l'avons vu, de 8,000 kilogrammes à l'hectare. Mais cette quantité croît, évidemment, comme le poids de la récolte des tubercules, en raison des soins qu'on donne au topinambour, et peut atteindre, dans les meilleures terres d'alluvion, jusqu'à 25,000 kilogrammes, et équivaloir ainsi à 50 stères de bois. Le rendement moyen, chez M. Boussingault, et on peut adopter cette moyenne, est de 12,000 kilogrammes de tiges sèches ligneuses, correspondant à 30 stères de bois de chauffage par hectare.

Quant aux tubercules, voici quelques chiffres qui permettront d'établir un poids moyen pour une culture faite avec soin dans des terres ordinaires, circonstances dans lesquelles il faut toujours se placer pour raisonner avec justesse :

| | Hectol. | Kil. | Autorité. |
|---|---|---|---|
| Mauvaises terres sableuses. | 128 | 10,240 | Schwertz. |
| Sol de première qualité. . | 330 | 35,520 | Kade. |
| Terre de Béchelbronn (moyenne) . . . . . . . | 320 | 26,500 | Boussingault. |
| Départem. de l'Indre, 1847, très mauvaises terres. . | 120 | 9,600 | Briaune. |
| Alluvions du Rhône. . . . | 750 | 60,000 | Gasparin. |

La récolte moyenne doit donc être estimée à 338 hectolitres ou, en poids, à 28,000 kilogrammes.

Nous sommes donc dans le vrai en posant aux cultivateurs, comme but que l'on peut aisément atteindre, le poids de récolte de tubercules de 25,000 kilogrammes,répondant à 12,000 ou 14,000 kilogrammes de tiges ligneuses sèches.

Dans des circonstances analogues à celles où nous nous plaçons, la pomme de terre ne donnerait pas une moyenne supérieure à 270 hectolitres, soit, en poids, 21,000 kilogrammes de tubercules.

Etablissons maintenant, pour clore ce chapitre, le prix de revient, par hectare, de nos 25,000 kilogrammes de tubercules et de nos 14,000 kilogrammes de tiges ligneuses sèches:

PREMIÈRE ANNÉE. — *Établissement de la culture.*

Deux labours. . . . . . . . . . . . . . 32 fr. »

| | | |
|---|---|---|
| *Report.* . . . . . . . . | 32 fr. | » |
| Deux hersages . . . . . . . . . . . . . | 5 | » |
| Plantation derrière la charrue, travail de la charrue. . . . . . . . . . . . . . . . | 16 | » |
| Trois journées d'homme. . . . . . . . . . | 1 | 50 |
| Un coup de rouleau. . . . . . . . . . | 1 | 50 |
| Deux binages à la houe à cheval, à 5 fr. l'un. | 10 | » |
| Coupe, bottelage, séchage et transport des tiges. . . . . . . . . . . . . . . . | 20 | » |
| Arrachage des tubercules et transport à la ferme. . . . . . . . . . . . . . . . | 50 | » |
| Engrais : 23,000 kilogrammes de fumier de ferme ; transport et épandage, à 8 fr. les 1,000 kilogrammes. . . . . . . . . . | 184 | » |
| Rente du sol et impôt. . . . . . . . . . | 30 | » |
| Total. . . . . . . | 353 fr. | » |

DEUXIÈME ANNÉE ET ANNÉES SUIVANTES

| | | |
|---|---|---|
| Engrais : 10,000 kilogrammes de fumier de ferme, transport et épandage. . . . . | 80 fr. | » |
| Deux binages à la houe à cheval. . . . . | 10 | » |
| Redressage des lignes et régularisation des plants. . . . . . . . . . . . . . . . | 10 | » |
| Un coup de rouleau. . . . . . . . . . | 1 | 50 |
| Coupe, bottelage, séchage, transport des tiges. . . . . . . . . . . . . . . . | 20 | » |
| Arrachage des tubercules et transport à la ferme. . . . . . . . . . . . . . . . | 50 | » |
| Rente du sol, impôt. . . . . . . . . . | 30 | » |
| Total . . . . . . | 201 | 50 |

Ainsi donc, les 25,000 kilogrammes de tubercules et les 14,000 de tiges sèches reviendraient, la première année, à 335 fr., et les années suivantes, à 205 fr.

Il est évident, d'abord, que nous devons diminuer nos prix de revient de la valeur des tiges. Prenons, pour rester au-dessous de la vérité et à l'abri de toute accusation d'exagération, le chiffre de 8,000 kilogrammes de tiges sèches, équivalant à 19 stères de bois de chauffage. En évaluant ce bois à 5 fr. seulement le stère rendu à la ferme, nous arriverons au chiffre de 95 fr. C'est donc de ce chiffre qu'il faudra diminuer, chaque année, nos prix de revient par hectare ; c'est-à-dire que ce prix descendra, pour la première année, à 260 fr. pour 25,000 kilogrammes de tubercules, soit 10 fr. les 1,000 kilogrammes, soit 1 fr. les 100 kilogrammes, et, pour les années suivantes, à 110 fr. encore pour 25,000 kilogrammes, soit 4 fr. 40 c. pour 1,000 kilogrammes, soit 45 c. les 100 kilogrammes.

Y a-t-il une autre plante que le topinambour capable de donner de tels résultats ?

---

# CHAPITRE IV

**Valeur alimentaire du topinambour. – Son introduction dans le pain.**

Dans une classification des plantes à racines fourragères de nos cultures, au point de vue de leur valeur nutritive, le topinambour se placerait à côté et au-dessus de la pomme de terre. En effet, la substance alimentaire qu'il renferme, et qui s'élève à 23,96 p. 100 de tubercules, est plus riche que celle de cette dernière en matières azotées, en matières grasses, en sucre et en phosphates.

Au lieu de calculer ici l'équivalent théorique du topinambour, en prenant pour base la quantité moyenne d'azote, 1,86, que nous avons déduite de l'analyse, et pour qu'on ne s'écrie pas : *C'est de la théorie!* nous préférons accepter le le chiffre auquel l'expérience directe a conduit M. Boussingault. Cet agronome estime, d'après une longue pratique, que 100 kilogrammes de foin peuvent être remplacés, dans l'alimentation des chevaux, des vaches et des moutons, par

250 kilogrammes de tubercules de topinambour. C'est sur ce chiffre qu'il se base quand il veut l'introduire dans le régime alimentaire des animaux de son domaine. On comprend bien sans doute qu'il ne faut pas compter alimenter un bétail quelconque uniquement avec des topinambours. De même que la pomme de terre, les betteraves, les carottes, les rutabagas, les navets, etc., les tubercules de cette plante sont trop aqueux et contiennent des principes alibiles trop rapidement digestibles pour être donnés seuls ; on doit les associer à une nourriture plus sèche, comme le foin, les grains, la paille hachée, les tourteaux, les légumineuses sèches, etc. On ne peut les faire entrer dans la ration quotidienne des animaux, dont nous avons parlé, que pour y remplacer ou les racines ci-dessus, ou une portion de foin et de fourrage sec, si ces derniers étaient donnés seuls avant son introduction.

De cette manière, pour déterminer la part suivant laquelle ils doivent être substitués en poids à une de ces substances, on procédera d'une façon analogue à celle qui suit :

On cherchera dans la table des équivalents nutritifs des substances alimentaires pour le bétail le chiffre représentant la valeur comparée à 100 de foin de la substance qu'on veut remplacer ; puis, celle du topinambour étant connue (250 kilogrammes), on fera le calcul suivant :

Supposons que nous voulions remplacer, dans la ration ci-dessous d'une vache laitière, pesant 400 kilogrammes,

| | |
|---|---|
| Foin . . . . . . . . . . | 5 kilogrammes. |
| Betterave. . . . . . . . | 20 |
| Menue paille. . . . . | 2 |

les 20 kilogrammes de betteraves par des topinambours : l'équivalent de la betterave étant 500 kilogrammes et celui du topinambour 250 kilogrammes, nous dirons :

$$500 : 250 :: 20 : x$$

$$x = \frac{250 \times 20}{500} \; 10,$$

c'est-à-dire que 10 kilogrammes de tubercules de topinambour suffiraient pour équivaloir, dans l'alimentation de la vache, à 20 kilogrammes de betteraves.

Dans une note manuscrite remise à M. de Gasparin, M. Boussingault indique comme excellente la ration suivante d'une vache laitière supérieure en poids à celle que nous avons prise pour exemple, et très abondamment nourrie :

| | |
|---|---|
| Foin. . . . . . . . | 7 kil. 500 gr. |
| Topinambour . . . . | 19 » |
| Paille hachée. . . . | ? |

« Ainsi, dit M. de Gasparin, pendant six mois, de novembre à mars, la moitié de la nourriture de la vache peut provenir du topinambour. » Le topinambour peut donc entrer dans la combinaison des cultures pour le quart de la nourriture des animaux. Et en supposant le produit de 33,400 kilogrammes de tubercules à l'hectare, la consommation d'une vache, pendant six mois, étant de 3,420 kilogrammes, on voit que la sole de cette plante devra être de 10 ares et demi, à peu près, par tête de vache entretenue sur le domaine. Les prairies naturelles ou artificielles ne pourraient donner un tel résultat, et les autres cultures de racines ne le donneraient qu'avec des frais de culture extrêmement onéreux.

Ces chiffres seuls en diraient assez, en dehors de ce que nous avons déjà écrit, sur l'avantage inestimable de la culture du topinambour. Le lait des vaches nourries avec ces tubercules est abondant, très bon et très butyreux.

Les chevaux mangent les topinambours aussi volontiers que la carotte, avec laquelle ils présentent tant d'analogie, au point de vue de la quantité de la matière sucrée. Nous avons remplacé par eux cette racine, et poids par poids, dans leur alimentation, depuis plus de quinze jours, à l'heure où nous écrivons ces lignes, et ils s'en trouvent parfaitement bien. Voici les rations que nous proposerions, en les admettant dans la nourriture journalière, pour des chevaux de ferme, du poids de 750 kilogrammes environ :

| | |
|---|---|
| Foin. . . . . . . . | 7 kil. 500 gr. |
| Avoine. . . . . . . | 12 litres. |
| Topinambour. . . . | 5 kil. |
| Paille . . . . . . . | 2 kil. 500 gr. |

Les Allemands, qui se connaissent en pareille matière, appelle le topinambour la *pomme de terre des chevaux.*

Les moutons mangent aussi avec une grande avidité des tubercules du topinambour; ils se maintiennent très frais et engraissent fort bien. Pour eux, ainsi que pour les vaches, nous conseillerons d'ajouter au topinambour un peu de sel marin.

La ration suivante, avec foin et topinambour, nous paraît très bonne pour les moutons à l'engrais.

Durant les six premières semaines :

| | | |
|---|---|---|
| Foin . . . . . . . . | 0 kil. | 500 |
| Paille. . . . . . . . | 0 | 500 |
| Topinambour avec sel. | 3 | » |

Dans les quatre ou six dernières semaines de l'engraissement, on devrait varier cette ration de la manière suivante :

| | | |
|---|---|---|
| Foin . . . . . . . . | 0 kil. | 750 gr. |
| Topinambour et sel. . | 2 | » |
| Tourteaux . . . . . . | 0 | 200 |

On devrait saupoudrer les tubercules de topinambour avec des tourteaux concassés finement.

Il va sans dire que, dans chacun des cas que nous venons de passer rapidement en revue, nous sous-entendons que les tubercules de topinambour doivent être coupés par un bon coupe-racine.

Le topinambour concourt aussi très efficacement à l'alimentation des porcs, pour lesquels il peut complètement remplacer la pomme de terre. M. Dujonchay, qui en fait consommer à ses porcs des quantités considérables, a remarqué que, dans le début de cette nourriture, les porcs refusaient quelquefois de la prendre, mais qu'on les y contraint très aisément par la famine et en mettant dans la paille de leur étable des tubercules crus; mais, qu'une fois qu'ils y sont habitués, ils se montrent friands de ce régime et qu'ils le mettent parfaitement à profit. Pour les porcs à l'engrais, on cuit le topinambour comme les pommes de terre, soit à l'eau, soit à la vapeur, ce qui est préférable, et on l'administre en trois repas par jour, le matin, à midi et le soir, avec des eaux grasses, des viandes d'animaux abattus, des grains cuits, des farines, du son, etc. Nous rappellerons ici que ses tiges sèches forment un excellent récipient des excréments et des urines de ces animaux. Il faut, toutefois, avant de les employer à cet usage pour diminuer un peu de leur dureté, les briser en les passant sous une meule perpendiculaire ou sous de lourds rouleaux.

Le topinambour cuit est encore très bien mangé par la volaille et particulièrement par les dindes, après avoir été préalablement écrasé. Uni à du lait et à de la farine d'orge ou de maïs, il les engraisse très bien, ainsi que les autres volailles de nos basses-cours.

Le prix de revient des 100 kilogrammes de tubercules de topinambour étant de 0,45 c., soit 4 fr. 50 c les 1,000 kilogrammes, on comprend tout de suite combien son introduction dans une ration, en remplacement de la betterave, revenant à environ 16 fr. les 1,000 kilogrammes, ou de toute autre racine, d'un prix de revient toujours élevé, diminuera la valeur en argent de cette même ration et conséquemment le prix de revient du kilogramme de viande, du litre de lait ou de l'heure de travail. Chacun pourra aisément déterminer ces prix de revient, par un calcul bien simple, pour les rations qu'il aura formées avec ce tubercule. C'est évidemment un soin que nous devons laisser au cultivateur, ne pouvant nous mettre en son lieu et place.

Mais là ne se bornent pas les services que la culture du topinambour est appelée à rendre. Cette plante offre à l'homme autant de ressources alimentaires directes que la pomme de terre.

Le topinambour présente au palais exactement

le même goût que le *fond* de l'artichaut. C'est à ce point, qu'une dame à laquelle nous en avons servi des morceaux frits après avoir été trempés dans une pâte, s'est écriée : « Comment ! des artichauts excellents au mois de janvier ! » Après cette exclamation, nous ne pensons pas avoir besoin de faire l'éloge des topinambours comme mets agréables. Les tubercules sont excellents accommodés à la *sauce blanche* ; mais *frits*, comme nous venons de l'indiquer, ils sont un manger vraiment très délicat, un vrai plat de friandises. On peut aussi, ce qui est très important pour la ménagère de la campagne, l'introduire dans tous les ragoûts, à côté ou à la place des pommes de terre, des navets, des carottes.

Puisque ce que nous écrivons actuellement s'adresse surtout aux dames, c'est ici le lieu de réparer un oubli que nous avons commis en parlant de l'importance, comme combustible, des tiges sèches du topinambour ; nous avons, en effet, omis de dire que les cendres qui en proviennent sont excellentes pour les lessives.

Le topinambour a encore l'avantage de s'unir aux farines et de se panifier parfaitement bien. Nous avouons franchement que c'est là, à nos yeux une très heureuse propriété, surtout dans les années de disette. Si nous constatons avec plaisir la facilité de ce nouveau mode d'utilisation, pour l'alimentation de l'homme, de la plante dont nous faisons l'étude, ce n'est pas certes que nous ne rêvions pour les ouvriers des champs qu'un pain inférieur. Loin de nous cette pensée! Mais, en attendant qu'ils puissent placer sur leur table le bon pain de froment et le réconfortant morceau de bœuf, nous saluons avec bonheur les moyens faciles pour eux de *vivre*, c'est-à-dire de ne pas souffrir de la faim dans les années où les subsistances atteignent le plus haut degré d'exagération. Eh bien! l'introduction du topinambour dans le pain, alors surtout qu'on ne peut être sûr de pouvoir compter sur la pomme de terre, est l'un de ces moyens, le meilleur de tous même, car nous n'en connaissons pas qui coûte moins cher. De plus, le topinambour est plus nourrissant que la pomme de terre, et il donne des produits dans les sols les plus mauvais, dans ceux où celle-ci ne donnerait qu'une impuissante végétation, au sein de la lande désolée, là, où la misère et la fièvre semblent avoir établi leur sinistre demeure, comme pour se prêter un mutuel et homicide appui. Trois choses peuvent sauver ces contrées, ce sont : le noir animal, le seigle et le topinambour.

Disons donc quelques mots sur la panification de ces tubercules.

Depuis longtemps déjà nous songions à les faire entrer dans le pain de la ferme, lorsque nous nous y sommes déterminé après avoir eu connaissance de l'heureux essai de panification de ces mêmes tubercules par M. de Tracy. Nous avons fait du pain, dans notre ferme, avec du topinambour réduit en pulpe par la cuisson et incorporé dans le pétrissage aux farines de froment, de méteil, de seigle et d'orge, dans les proportions suivantes, en poids : moitié pulpe et moitié de ces farines, avec le levain nécessaire. Voici, au reste, comment nous opérions : nous faisions peler les topinambours nouvellement arrachés comme on pèle les pommes de terre (cette opération préliminaire est nécessaire pour que la pulpe reste blanche et ne soit pas colorée par la matière colorante violette placée sous l'épiderme des tubercules); puis on les faisait bouillir dans de l'eau jusqu'à ce qu'on pût aisément les écraser à la main, alors on les retiraît de l'eau avec une écumoire et on les écrasait avec un pilon en bois dans une passoire ordinaire dont les trous étaient assez fins. On agissait ainsi afin de ne mêler aux farines que la fine pulpe. Toutefois, comme cette pulpe est très aqueuse, on la pressait dans un linge, de manière à chasser l'eau en excès ; on obtenait ainsi une masse moins humide qui se pétrissait très bien. Il n'était pas, la plupart du temps, nécessaire d'ajouter d'eau pour pétrir avec la farine ; la pulpe en apportait assez. On avait grand soin, c'est là un point très important de bien pétrir la pâte ainsi obtenue avec le levain, dont il faut mettre environ un quart en plus que pour le pain ordinaire; puis on laissait lever la pâte préparée. — Pour que cette pâte lève bien, il faut avoir soin de la maintenir dans une pièce plus chaude que pour la pâte ordinaire. Nos expériences ayant lieu durant l'hiver, nous faisions placer le coffre à pétrir dans une vacherie où respiraient onze vaches et où la température était assez élevée pour une bonne fermentation. — Enfin, quand la pâte était bien levée, on mettait au four et on y laissait le pain de trois à quatre heures.

Nous avons obtenu ainsi, toutes les fois, un pain très bon à manger et se conservant frais longtemps sans éprouver d'altération. Tous les ouvriers de la ferme le mangeaient très volontiers et auraient bien voulu, disaient-ils, être assurés d'en avoir toujours. Si nous en avions eu de pareil en 1814, nous disait notre vieux jardinier, au lieu de notre abominable pain de son, nous aurions cru que nous étions en paradis!

Toutefois, nous devons dire que nous avons été moins heureux que M. de Tracy annonce l'avoir été. Nous avons obtenu avec le blé, non pas un pain *parfaitement blanc et très spongieux* comme le sien, mais un pain bis et un peu plus *gras* que le pain ordinaire. Le seigle s'est très bien panifié avec le topinambour ainsi que l'orge, et la servante qui l'a confectionné nous a affirmé qu'elle avait trouvé bien plus aisé à pétrir le seigle et l'orge, la pâte étant moins courte avec le topinambour, que lorsqu'elle ne traitait que ces deux farines sans lui.

Mais, nous dira-t-on, votre pain, pour nourrir suffisamment un ouvrier, ne devra-t-il pas être pris en trop grande quantité pour être un aliment sain? et quel avantage pécuniaire l'ouvrier aura-t-il à le consommer?

Nous allons répondre en même temps à ces deux questions. Nous avons trop critiqué beaucoup de procédés de panification, que nous accusions d'être insalubres à la longue en ce qu'ils n'étaient que des trompe-faim, pour qu'on n'ait pas le droit d'être sévère en ce qui nous concerne. Aussi, nous ne proposons notre pain de topinambour qu'après avoir réglé nos comptes avec la physiologie.

Il faut par jour, à un homme qui travaille manuellement, sans parler du carbone, 13 grammes d'azote, pour sa ration d'entretien et aussi 13 grammes pour sa ration de travail, en tout 26 grammes. Tel est le principe physiologique de toute alimentation normale rationnelle.

Supposons maintenant que l'ouvrier fasse son pain lui-même avec la farine de deuxième qualité (c'est celle qu'il achète ordinairement), qui renferme, par kilogramme, environ 13 grammes d'azote, et qu'on lui vend aujourd'hui autour de nous, 62 centimes le kilogramme; 1 kilogramme de farine donne à peu près 1 kilogramme 200 grammes de pain : il lui faudra donc, pour s'alimenter convenablement, consommer 2 kilogrammes de farine sous forme de pain, soit 2 kilogrammes 400 grammes de celui-ci, c'est-à-dire dépenser 1 fr. 25 c.

Si, au lieu de cela, notre ouvrier fait son pain comme nous avons fait le nôtre, avec moitié farine et moitié topinambour, voyons ce qui arrivera.

Faisons deux hypothèses :

Supposons qu'il fasse : 1° du pain avec de la farine de seigle; 2° avec de la farine de froment désignée à Paris sous le nom de farine blanche de Paris.

La farine de seigle contient, par kilogramme, 17 grammes d'azote, et la farine blanche 16 grammes d'azote aussi par kilogramme.

Un kilogramme de notre pulpe de topinambour, en partie débarrassée de son eau, c'est-à-dire ayant perdu quelques sels solubles et du glucose, mais non point de l'azote, par conséquent en présentant davantage sous le même poids, contiendra, au minimum, 5 grammes d'azote.

Nous aurons donc :

PAIN N° I

| | | Prix de revient. |
|---|---|---|
| 1 k. farine de seigle. . . | 17 gr. d'azote | 0 fr. 50 c. |
| 1 k. pulpe de topinamb. (1). | 5 *id.* | |
| Total. . . . . | 22 gr. d'azote | |

PAIN N° II

| | | Prix de revient. |
|---|---|---|
| 1 k. farine blanche . . . | 16 gr. d'azote | 0 fr. 70 c. |
| 1 k. pulpe de topinambour. | 5 *id.* | |
| Total. . . . . | 21 gr. d'azote | |

Ce qui fait, avec la nourriture au pain fait avec la farine de deuxième qualité, une différence, en faveur de notre pain de topinambour,

De 75 centimes pour le pain n° I,

Et de 55 centimes pour le pain n° II ;

C'est-à-dire que, si l'ouvrier travaillant aux champs gagne, sans être nourri, 1 fr. 50 c. par jour d'hiver, ce qui est au-dessus du salaire moyen en France durant cette saison, il ne gagnera que 25 centimes en sus de sa nourriture avec le pain ordinaire de deuxième qualité, et encore à la condition, peu favorable au travail, de ne boire que de l'eau. Mais son entretien, mais l'entretien et l'amortissement de ses instruments de travail,

(1) Nous estimons le topinambour au prix marchand, soit 2 fr. les 100 kilogrammes ou 2 centimes le kilogramme.

mais les chômages forcés, mais les maladies, mais sa femme, mais ses enfants!

Avec le système de panification que nous proposons, au contraire, l'ouvrier pourra, en ajoutant à son pain un léger morceau de fromage fait avec du lait écrémé, et qui ne lui coûtera pas plus de 10 centimes, et en buvant un litre de bon cidre, mettons pour le tout 20 centimes, se nourrir hygiéniquement, mettre de côté sur le prix de sa journée, et apporter le soir dans sa pauvre chaumière au moins 50 centimes. Oh! celui qui a visité, chaque jour de sa vie, la famille du paysan qui gagne son existence au jour le jour, sait tout ce que renferme de patience, de résignation, de joie pour la parcimonieuse ménagère, la bonne providence de ce triste foyer, cette pauvre petite pièce de 50 centimes!

M. Barral, chimiste, a écrit que, pour lui, il ne saurait être partisan de la panification du topinambour, que c'était là une opération qui ne faisait qu'augmenter sa valeur en argent, sans ajouter en rien à sa valeur nutritive. Cela est vrai au point de vue de la chimie, mais cela n'est pas exact au point de vue de l'économie domestique du paysan journalier. Celui-ci travaille, en effet, quelquefois loin de sa demeure; toujours, d'ailleurs, il apporte sa nourriture de la journée sur le lieu même de son travail, dans une gibecière passée en sautoir. Or, il peut ainsi apporter le topinambour sous forme de pain, mais il ne pourrait l'apporter sous forme de sauce ou de ragoût. Sa gibecière ne contient jamais, d'ordinaire, qu'un morceau de pain noir et un peu de fromage. Aussi, l'ouvrier des champs préfère-t-il le pain à tout autre aliment, parce qu'il peut le porter partout avec lui, et que la quantité qui suffit à le nourrir ne l'embarrasse point. Nous maintenons donc, quoi qu'on en dise, notre opinion sur l'excellence de la panification du topinambour.

Nous terminerons ce chapitre en donnant quelques exemples d'alimentation physiologique dans lesquels notre pain trouve sa place.

I.

| | | Azote. | Carbone. |
|---|---|---|---|
| Pain. . . . . . . . | 1,000 gr. | 10,90 | 260 |
| Viande . . . . . . . | 500 | 15 | 97 |
| | 1,500 | 25,90 | 357 |

II.

| | | Azote. | Carbone. |
|---|---|---|---|
| Pain. . . . . . . . | 1,000 gr. | 10,90 | 260 |
| Fèves. . . . . . . . | 350 | 15,75 | 101 |
| | 1,350 | 26,65 | 361 |

III.

| | | Azote. | Carbone. |
|---|---|---|---|
| Pain. . . . . . . . | 1,000 gr. | 10,90 | 260 |
| Haricots . . . . . | 350 | 14 | 188 |
| | 1,350 | 24,90 | 448 |

IV.

| | | Azote. | Carbone. |
|---|---|---|---|
| Pain. . . . . . . . | 1,000 gr. | 10,90 | 260 |
| Pois. . . . . . . . | 200 | 7 | 40 |
| Lait . . . . . . . . | 600 | 4 | 42 |
| Fromage de lait écré-mé. . . . . . . . | 200 | 4,50 | 48 |
| | 2,000 | 26,40 | 390 |

Le prix coûtant de ces rations ne dépasse pas 1 fr. Il résulte des calculs qui précèdent qu'à l'aide de l'introduction du topinambour dans le pain, un ouvrier ne coûterait pas autant à nourrir qu'avec les rations ci-dessus, plus un litre de cidre, et à nourrir de tel sorte qu'il ait largement la ration physiologique du travailleur (1), que si on ne lui donnait que du pain fait avec de la farine de deuxième qualité.

Dira-t-on maintenant que la panification du topinambour n'est pas une importante économie?

(1) 26 grammes d'azote et 350 grammes de carbone.

## CHAPITRE V

**Alcoolisation du topinambour. — Généralités. — Des sucres. — Du glucose et de son dédoublement alcoolique. — De l'alcool. — Alcoomètre de Gay-Lussac.**

*Généralités.* — Nulle plante, ainsi que nous l'avons dit au chapitre II, ne se prête mieux que le topinambour à la fabrication de l'alcool. Cela pour deux motifs : d'abord, parce que sa réussite est constamment assurée ; ensuite, parce que nulle autre ne contient, sous le même poids, plus de principes alcoolisables. Reportons-nous, en effet, au chapitre de sa composition immédiate, et nous verrons que, si nous faisons la somme de ces principes, le *glucose*, l'*inuline* et la *gomme*, nous obtiendrons le chiffre 18,88 pour 100 de matière tuberculeuse fraîche. De plus, la fermentation sera très facile à obtenir, puisque cette plante renferme jusqu'à 3,12 pour 100 et, en moyenne, 1,86 pour 100 de substance albuminoïde, c'est-à-dire capable de se transformer en *ferment*. Si nous ajoutons à ces considérations que les sols les plus ingrats, les sols de landes de la Sologne, de la Bretagne, du centre du Bordelais, convenablement assainis, si besoin en est, peuvent donner à très peu de frais, ainsi que nous l'avons prouvé, et à l'aide d'une culture des plus faciles et des plus simples, une bonne récolte de tubercules et de tiges sèches, pouvant s'élever aisément, pour les premiers, à 25,000 kilogrammes, et pour les secondes, à 14,000, on demeurera convaincu de la vérité des paroles que nous venons d'écrire, et qu'ainsi le topinambour donne l'inestimable moyen de retirer de ces sols abandonnés de bons revenus, par la création de l'alcool et aussi par la création d'une grande quantité de viande, et partant d'engrais, à l'aide des pulpes-résidues de la distillerie. L'*hélianthus tuberosus* a, pour tout résumer en quelques mots, l'avantage immense, dans un très grand nombre de localités, de fournir à la fois au cultivateur, dans tous les sols, pourvu qu'ils soient sains, à peu près sans dépense, une matière alcoolisable de première valeur et un excellent combustible, c'est-à-dire, tout le matériel cultural d'une distillerie.

Occupons-nous maintenant de son alcoolisation d'une manière toute spéciale.

Rappelons d'abord rapidement les principes scientifiques qui servent de base à la pratique de la fabrication de l'alcool.

La matière sucrée, désignée en chimie sous le

nom de glucose, amenée à l'état liquide et mise en contact avec un *ferment*, à la température de 17° à 20°, subit, sans rien emprunter à ce qui l'entoure ni rien perdre d'elle-même, une rupture d'équilibre moléculaire, que l'on appelle *fermentation*, *dédoublement*, d'où résulte sa transformation en deux produits, en deux corps nouveaux, l'*alcool* et l'*acide carbonique*. Le premier reste dans le liquide où il a pris naissance, le second se répand dans l'atmosphère. Le premier seul a une valeur commerciale immédiate, c'est lui qu'on se propose d'obtenir; le second n'est propre qu'à se transformer de nouveau en produit organique, sous l'influence des mystérieuses affinités de la vie végétale.

Qu'est-ce que le glucose et en quoi ce sucre diffère-t-il des autres matières saccharines?

On peut dire, d'une manière générale, que les sucres ne sont autre chose que des corps formés de charbon pur et des éléments de l'eau. La molécule *sucre* n'est autre chose que l'agrégation, par l'affinité, de molécules de carbone C, d'hydrogène H et d'oxygène O, dans des rapports numériques déterminés.

On peut, selon nous, considérer l'amidon comme le point de départ de la série saccharine et le définir *un sucre imparfait*, le véritable sucre, le sucre parfait, étant représenté par le sucre de canne. En nous fondant sur cette manière de voir, nous établirons la série suivante dans les sucres des végétaux :

| | |
|---|---|
| Amidon et inuline (1). . | $C^{12}H^{9}O^{9} + HO$ *ou* $C^{12}H^{10}O^{10}$ |
| Dextrine. . . . . . . . | $C^{12}H^{9}O^{9} + HO$ *ou* $C^{12}H^{10}O^{10}$ |
| Sucre de canne. . . | $C^{12}H^{9}O^{9} + 2HO$ *ou* $C^{12}H^{11}O^{11}$ |
| Glucose ou sucre de raisin | $C^{12}H^{9}O^{9} + 3HO$ *ou* $C^{12}H^{12}O^{12}$ |

Nous pouvons donc conclure de la constitution chimique des termes de cette série, que le glucose est un sucre qui ne diffère chimiquement du sucre de canne ordinaire, que par les éléments d'un équivalent d'eau qu'il contient en plus.

$$\underbrace{C^{12}H^{11}O^{11} + HO}_{\text{Sucre de canne. + Aq.}} = \underbrace{C^{12}H^{12}O^{12}}_{\text{Glucose.}}$$

Il ne diffère, chimiquement aussi, de l'amidon, de la dextrine, de l'inuline, des substances amy-

(1) Pour les personnes étrangères à la chimie (mais aucun distillateur ne devrait se trouver dans ce cas), nous dirons que l'*inuline* n'est qu'un amidon particulier, ne différant de l'amidon ordinaire que par l'arrangement de ses molécules et non point par sa composition chimique. L'inuline se transforme en *sucre glucosique*, comme l'amidon ordinaire, sous l'influence de l'eau et des acides, mais il ne présente pas un état moléculaire intermédiaire correspondant à la dextrine. Et puis, tandis que dans l'amidon désagrégé dans l'eau la dextrine et le glucose devient à droite le plan de polarisation des rayons lumineux, l'inuline et le sucre qui en dérive le devient à gauche. L'iode, qui colore l'amidon en beau bleu, colore l'inuline en jaune faible et la rend insoluble dans l'eau froide.

lacées, en un mot, que par deux équivalents d'eau en plus :

$$\underbrace{C^{10}H^{10}O^{10} + 2HO}_{\text{Substances amylacées. + 2 Aq.}} = \underbrace{C^{12}H^{12}O^{12}}_{\text{Glucose.}}$$

Voilà pour la constitution chimique du glucose et pour ses relations avec les autres sucres. Quant à ses propriétés caractéristiques, nous indiquerons celles qu'il importe le plus de connaître au distillateur de topinambour.

Le glucose tel que nous l'avons formulé, en le déduisant de l'amidon par voie d'hydratation de ce dernier, est le glucose anhydre. Ce n'est pas sous cet état qu'il se présente dans les végétaux ; il est toujours uni à deux équivalents d'eau, et sa formule devient alors celle-ci :

$$C^{12}H^{12}O^{12} + 2HO \textit{ ou } C^{12}H^{14}O^{14}$$

Le glucose est moins soluble dans l'eau que le sucre de canne : il faut employer, pour le dissoudre complètement, une fois et un tiers de son poids d'eau froide ; il se dissout en faibles proportions dans l'alcool absolu. Sa saveur est faiblement sucrée. Il faut deux parties et demie de glucose pour équivaloir à une partie de sucre. Sous l'influence de la chaleur, le glucose se ramollit à 60° ; à 100°, il perd deux équivalents d'eau, et, en devenant anhydre, se transforme en une masse jaune et déliquescente. Il se caramélise à 150°. L'acide sulfurique se transforme en acide *sulfoglucique,* et l'acide azotique en acide oxalique et en *acide saccharique.*

Le glucose s'unit moins facilement avec les bases que le sucre de canne. Il forme cependant des *glucosates* avec la baryte, la chaux et l'oxyde de plomb. Il se combine encore avec le sel marin et donne naissance à un glucosate dans lequel le sel marin remplace les équivalents d'eau.

Mais la propriété la plus importante du glucose est celle de se transformer, comme nous l'avons déjà dit, sous l'influence de l'eau et d'un ferment, en alcool, en acide carbonique et en eau, ainsi que l'indique l'équation suivante :

$$\underbrace{C^{12}H^{14}O^{14}}_{\text{Glucose hydraté.}} = 4CO^2 + \underbrace{2(C^4H^6O^2)}_{\text{Alcool.}} + 2HO$$

Pour que cette transformation s'effectue aisément, avec une suffisante rapidité, la pratique a démontré qu'il est nécessaire que le ferment soit légèrement acide. C'est ainsi que, dans les fruits, les acides tartrique, citrique et malique favorisent la fermentation du glucose, après avoir favorisé sa formation aux dépens de l'amidon ou de la cellulose naissante.

100 kilogrammes de glucose, donnent 51 kilogrammes 120 grammes d'alcool anhydre.

Sous l'influence des ferments, le glucose peut encore éprouver la fermentation acétique, la fermentation lactique et la fermentation visqueuse. Le distillateur doit éviter à tout prix ces fermentations particulières, qui compromettraient complètement son travail (1).

Le sucre de canne ne peut subir immédiatement la fermentation alcoolique sous l'action d'un ferment, il faut d'abord qu'il se convertisse en glucose, comme l'inuline, l'amidon et la gomme. Le glucose seul peut se dédoubler, sans passer par un état intermédiaire, en alcool et en acide carbonique. Il est donc le sucre alcoolisable par excellence.

Le glucose existe tout formé dans les cellules des fruits ou des racines d'un très grand nombre de végétaux, principalement dans celles des tubercules de topinambour et dans celles du raisin. C'est lui qui forme ces petites efflorescences blanchâtres, cette poussière blanche cristalline qui se montre à la surface des pruneaux et des figues sèches. On l'obtient artificiellement en soumettant les matières neutres, le ligneux, l'amidon, la gomme, le sucre de lait, à l'action des acides faibles. On rencontre aussi le glucose dans

(1) Il faut, pour cela, ne pas employer un ferment qui ait souffert à l'air, veiller au maintien de la plus grande propreté, et s'assurer que le jus en fermentation présente toujours une légère réaction acide.

l'organisation animale, le foie, les veines sushépathiques ; il existe en quantité souvent très grande dans l'urine des diabètes.

Il existe un excellent réactif, désigné par le nom de son inventeur, M. Frommherz, qui permet de reconnaître très aisément la présence du glucose et d'en déterminer la dose dans une dissolution. Nous allons le faire connaître en empruntant ce qui suit au traité de chimie de M. Malagutti :

« Sous le nom de réactif de Frommherz, on prépare une liqueur bleue intense, en versant du sulfate de cuivre dans une dissolution de potasse et de tartrate de potasse. Cette liqueur, mise en en contact avec une très faible quantité de glucose, se trouble, devient d'abord verdâtre, puis jaune, enfin rouge, et laisse déposer du protoxyde de cuivre ; le passage du bleu au rouge est presque immédiat si l'on élève la température. Le phénomène tient, en général, à la conversion du bioxyde de cuivre en protoxyde. Les différentes colorations que l'on observe, surtout à froid, sont des effets d'hydratation transitoires du protoxyde même. La coloration rouge est la dernière et correspond à la déshydratation du protoxyde.

« M. Bareswil a profité de cette réaction pour doser le glucose. A cet effet, il prépare une *liqueur d'épreuve,* en dissolvant à chaud 50 grammes de crême de tartre et 40 grammes de carbonate de soude dans un tiers de litre d'eau; il introduit ensuite dans la dissolution 30 grammes de sulfate de cuivre réduit en poudre : après avoir fait bouillir le mélange, il le laisse refroidir; puis il ajoute 40 grammes de potasse dissoute dans un quart de litre d'eau ; il étend enfin la masse avec assez d'eau pour en faire le volume d'un litre; il la fait bouillir de nouveau et il la conserve dans des flacons imperméables à la lumière. Voici comment on prépare la *liqueur d'épreuve* : on détermine, par un essai particulier, quelle est la quantité de glucose nécessaire pour décolorer un volume donné de liqueur chaude; cette détermination faite, on étend la liqueur bleue avec assez d'eau pour que 100 centimètres cubes de liquide puissent être décolorés exactement par 1 gramme de glucose. Quand on veut faire un essai, on introduit dans une capsule en porcelaine 100 centimètres cubes de la *liqueur titrée d'épreuve*, qu'on porte à l'ébullition ; on y verse alors peu à peu, et à l'aide d'une burette divisée, la liqueur glucosique à essayer. Jusqu'à ce qu'on ait obtenu la décoloration, la portion qui aura été versée contiendra 1 gramme de glucose. »

Aucun des phénomènes ci-dessus n'aurait lieu avec une dissolution de sucre de canne, mais il ne faut pas oublier que le sucre de lait les présenterait.

Maintenant que la chimie nous a fait connaître

le glucose et son dédoublement en alcool et en acide carbonique, étudions rapidement le premier de ces deux produits de la fermentation glucosique.

L'alcool pur anhydre est un liquide incolore, très fluide, formé de carbone, d'hydrogène et d'oxygène, dans les rapports numériques indiqués par la formule $C^4 H^6 O^2$. Son odeur est pénétrante, mais agréable ; sa saveur brûlante diminue d'intensité quand on l'étend d'eau. A volume égal, l'alcool anhydre ne pèse que les quatre cinquièmes du poids de l'eau. Sa densité varie, d'ailleurs, de la manière suivante avec la température :

| Température. | Densité. |
|---|---|
| 0° | 0,8151 |
| 5° | 0,8108 |
| 10° | 0,8065 |
| 15° | 0,8021 |
| 20° | 0,7978 |
| 25° | 0,7993 |

L'alcool bout à la température de 78°,41 sous la pression de 76 centimètres de mercure, et n'absorbe que les 0,52 de la chaleur nécessaire pour élever l'eau à la même température ; sa densité est alors de 0,7380. Par chaque degré centigrade d'augmentation de la température, l'alcool se dilate de 0,011 de son volume initial. D'après Sommering, l'alcool contenant 2 à 3 pour 100 d'eau se volatilise à une température plus basse que l'alcool tout à fait anhydre, et il en est ainsi jusqu'à ce qu'il contienne plus de 6 pour 100 d'eau. De sorte que, quand on distille, l'alcool qui passe contient plus d'eau que celui qui reste dans le vase distillatoire. Mais toutes les fois que l'alcool renferme une quantité d'eau supérieure à 6 pour 100, la portion qui passe à la distillation est plus riche que celle qui reste dans l'appareil. Dès lors, la température d'ébullition du liquide s'élève de plus en plus; de telle sorte qu'à l'aide d'un thermomètre plongeant dans le liquide de la cucurbite, on peut déterminer, par l'inspection de la température de la liqueur en ébullition la quantité d'alcool qu'elle renferme. En se fondant sur ce fait, Groning a dressé une table, très commode dans la pratique où se trouvent exprimées les quantités proportionnelles de l'alcool du liquide en ébulition et de la vapeur qui s'en dégage. Voici cette table, telle que nous la trouvons à la page 164 de la *Chimie organique* de M. Caillat :

## TABLE DES QUANTITÉS PROPORTIONNELLES DE L'ALCOOL DU LIQUIDE EN ÉBULLITION ET DE LA VAPEUR QUI S'EN DÉGAGE

| TEMPÉRATURE DE L'ÉBULLITION | TENEUR ALCOOLIQUE | |
|---|---|---|
| | du liquide en ébullition p. 100. | de la liqueur qui se dégage p. 100. |
| 76° 70 | 92 | 93 |
| 77° 70 | 90 | 92 |
| 77° 80 | 85 | 91, 50 |
| 78° 20 | 80 | 90, 50 |
| 79° 00 | 75 | 90 |
| 79° 20 | 70 | 89 |
| 80° 90 | 65 | 87 |
| 81° 30 | 50 | 85 |
| 82° 70 | 40 | 82 |
| 83° 90 | 35 | 80 |
| 85° 00 | 30 | 78 |
| 86° 30 | 25 | 76 |
| 87° 70 | 20 | 71 |
| 88° 90 | 18 | 68 |
| 90° 00 | 15 | 66 |
| 91° 30 | 12 | 61 |
| 92° 50 | 10 | 55 |
| 93° 90 | 7 | 50 |
| 95° 00 | 5 | 42 |
| 96° 30 | 3 | 36 |
| 97° 60 | 2 | 28 |
| 98° 90 | 1 | 13 |
| 100° 00 | 0 | 0 |

« On comprend, d'après cela, que l'on peut obtenir à volonté, et par une seule distillation, de l'alcool aussi rectifié que possible, ou du moins très rectifié : il suffit pour cela de faire passer les vapeurs alcooliques de la liqueur qui distille dans un tuyau en spirale qui plonge dans un bain dont la température est moyennement élevée et maintenue fixe. Le tuyau ou serpentin doit arriver obliquement dans le récipient placé un peu plus haut que l'alambic. Si on maintenait, par exemple, la température de l'eau où passe le serpentin à plus de 79°, la vapeur spiritueuse, qui passerait et irait se condenser dans le récipient, contiendrait 90 pour 100 d'alcool; toute celle qui sera aqueuse retournera à l'alambic. »

Un froid de moins de 59° ne solidifie pas l'alcool anhydre. Ce liquide donne la mort quand il est introduit dans l'estomac.

La vapeur de l'alcool étant très inflammable, on ne saurait prendre trop de précautions contre l'incendie dans les bâtiments où on le fabrique. Aussi, ne doit-on jamais, dans une distillerie, se tenir près des cuves à alcool avec une chandelle allumée.

L'alcool anhydre s'unit à l'eau en toutes proportions; aussi attire-t-il très énergiquement l'humidité de l'air. Mêlé à l'eau dans un poids égal au sien, l'alcool forme l'eau-de-vie artificielle, fort inférieure à celle que l'on retire directement de la distillation des vins.

Il existe un procédé fort simple, en dehors de l'emploi des arémètres dont nous allons parler, pour reconnaître la force d'un alcool, mais qui ne permet pas de distinguer les proportions d'eau qu'il renferme. Ce procédé porte le nom de *preuve de Hollande*. Il consiste tout simplement à agiter la liqueur alcoolique dans un verre; si les bulles qui se forment viennent se ranger sur le pourtour du verre, en formant un chapelet bien distinct et qui persiste quelque temps, l'alcool est faible; quand il est très fort, les bulles disparaissent très rapidement.

Au moment où l'on fait le mélange de l'eau et de l'alcool, on observe une élévation de température et une contraction. Le maximum de contraction correspond, en volume à 53,7 d'alcool et 49,8 d'eau ; le volume du mélange au lieu d'être de 103,5 est réduit, par la contraction, à 100. En poids, ce maximum correspond à 1 équivalent d'alcool, $C^4H^6O^2$, et à 6 équivalents d'eau, 6 HO.

L'affinité de l'alcool pour l'eau diminue, on le comprend, sa volatilité. En s'unissant avec ce liquide, sa densité augmente, et cela en proportion de la quantité de cette eau. C'est sur ce phénomène que sont fondés l'invention et l'emploi dans la pratique des instruments désignés sous le nom d'aréomètre. Ils sont gradués de manière à indiquer, selon la quantité dont ils s'enfoncent dans le mélange d'eau et d'alcool, les proportions de ces deux composés existant dans ce mélange. On fait usage dans le commerce de deux sortes d'aréomètre : celui de Cartier et celui de Gay-Lussac ; ce dernier, plus en harmonie avec notre système des poids et mesures, devrait être seul autorisé. L'aréomètre Cartier marque 10° plongé dans l'eau pure, et 40° dans l'alcool anhydre. L'aréomètre de Gay-Lussac porte le nom d'*alcoomètre centésimal;* il indique, en effet, selon le degré auquel il s'enfonce dans le liquide d'essai, la quantité pour 100, en volume, d'alcool anhydre qu'il renferme ; son zéro correspond à l'eau pure, et le degré 100 à l'alcool absolu, et l'espace intermédiaire est divisé en 100 parties ou degrés. Pour opérer cette graduation, on plonge d'abord l'instrument dans de l'alcool absolu et on arrange le lest de manière que le point d'affleurement ait lieu à la partie supérieure de la tige, qui surmonte le lest. On marque ce point du chiffre 100. On forme ensuite des mélanges, qui, sur 100 parties en volume, sont formés d'eau et de 95, 90, 85, 80, 75, 70, 65, 60, etc., d'alcool absolu. On plonge l'alcoomètre dans chacun de ces mélanges, et on inscrit sur la tige, à chaque point d'affleurement, les chiffres ci-dessus, c'est-à-dire, 95, 90, 85, etc..., et ainsi de suite en descendant jusqu'à 0, chiffre de l'eau pure. Enfin, pour terminer la graduation, on divise chaque intervalle en 5 parties égales.

Si donc l'alcoomètre Gay-Lussac, plongé dans un mélange d'eau et d'alcool, s'enfonce jusqu'au chiffre 53, cela indique que le mélange contient 53 d'alcool absolu et 47 d'eau. Mais il importe de ne pas oublier que, dans ces essais, on commet une erreur lorsque le liquide qu'on examine n'est pas à la température de 15° centigrades. En effet, les graduations de l'alcoomètre sont faites pour cette température, et l'on sait que les variations de celles-ci font considérablement varier le volume et conséquemment la densité de l'alcool. C'est ainsi qu'entre 0° et 30° centigrades du liquide alcoolique, on peut commettre des erreurs de plus de 10 pour 100 de sa teneur en alcool; on ne peut donc négliger, dans aucun cas, de faire les corrections nécessaires.

Gay-Lussac a, du reste, calculé des tables où ces corrections se trouvent toutes faites et qui doivent toujours accompagner la boîte contenant son alcoomètre.

Bien que nous ne conseillions de ne se servir que de l'alcoomètre de Gay-Lussac, l'aréomètre de *Cartier* étant encore utilisé dans le commerce, nous indiquons, dans le tableau ci-contre, les degrés *Cartier* le plus en usage avec les degrés Gay-Lussac qui leur correspondent à 15° centigrades.

| | Cartier. | Gay-Lussac |
|---|---|---|
| | — | — |
| Alcool pur ou anhydre. . . . . | 44 | 100 |
| Alcool rectifié (mélasse, topinambour, betterave, etc.) . . . . . | 36 | 94,1 |
| Esprit 3/6 des mêmes provenances. | 36 | 89,6 |
| 3/6 de Montpellier . . . . . . | 33 | 84,4 |
| Eau-de-vie (preuve de Hollande). . | 22 | 58,7 |
| — (preuve de Londres) . | 21,6 | 58 |
| — double de Cognac. . . | 20 | 52,5 |
| — communément vendue au détail. . . . . . . . | 19 | 49,1 |
| — ordinaire faible. . . . | 18 | 45,5 |

On connaît dans le commerce les esprits 3/7, 3/6 et 3/5.

Le 3/7 est un alcool dont 3 parties avec 4 parties d'eau donnent 19° Cartier ou 49,1 Gay Lussac.

Le 3/6 est un alcool dont 3 parties avec 3 parties d'eau, ou qui, avec un volume d'eau égal au sien, donne 19° degrés Cartier ou 49,1 Gay-Lussac.

Le 3/5, pour donner les mêmes degrés, nécessite 3 parties de lui-même et 2 parties d'eau.

La formule $C^4 H^6 O^2$, que nous avons donnée de l'alcool absolu, correspond aux chiffres suivants en équivalents et en centièmes :

| | | | | | |
|---|---|---|---|---|---|
| Carbone, | 4 | équivalents | = 300 | ou en 100es | 52,18 |
| Hydrogène, | 6 | — | = 75 | — | 13,04 |
| Oxygène, | 2 | — | = 200 | — | 34,78 |
| | | | 575 | | 100,00 |

« L'alcool, extrait des liqueurs vineuses par des distillations bien ménagées, retient ordinairement 1 équivalent d'eau HO : ($C^4H^6O^2HO$, = 112,500 d'eau pour 687,50 d'alcool monohydraté en poids, on 16,36 pour 100 ».

PAYEN.

## CHAPITRE VI

**Distillation pratique du topinambour. — Procédé champonnois. — Procédé Leplay. — Appareils en fonte émaillée de M. Cordonnier-Jacquart.**

Deux procédés d'alcoolisation des betteraves et aussi des topinambours se disputent aujourd'hui la faveur des agriculteurs, ce sont le procédé de M. Champonnois et le procédé de M. Leplay, qui ont reçu tous les deux la sanction de la pratique dans les fermes. La prééminence de l'un de ces deux systèmes sur l'autre a déterminé depuis un an une polémique des plus vives dans la presse agricole entre des hommes d'un mérite et d'une bonne foi incontestés. M. Payen a été le promoteur et est resté le zélé partisan du système Champonnois; le système Leplay a été surtout mis en lumière par M. Barral.

Nous allons exposer succinctement les deux systèmes.

*Système Champonnois.* — C'est à M. Champonnoîs que revient l'honneur d'avoir songé le premier à introduire la distillation dans les fermes, et compris que la première chose à faire pour obtenir cet important résultat était de trouver un procédé simple et peu coûteux. Toutefois, il ne faut pas s'y tromper, ce qui, dans l'ensemble du système distillatoire qui nous occupe, est la création de M. Champonnois, ce n'est pas la distillation de l'alcool formé dans le *vin*, mais bien le mode de traitement des racines pour obtenir ce *vin*, de manière à conserver toute la valeur alimentaire de ces racines, point capital pour le cultivateur. Car, de cette façon, l'alcool ne devient pour lui qu'un produit accessoire, destiné à couvrir tous les frais de production de ces racines et à lui mettre ainsi entre les mains une quantité considérable de matières nutritives qui ne lui coûtent rien. Ces rations, au prix de revient zéro, sont le but principal, le produit auquel on vise dans les fermes à distillerie. Aussi, en envisageant les choses de cette manière, au point de vue de la saine économie rurale, la production de l'alcool peut cesser d'être avantageuse à l'industriel et continuer à être profitable au cultivateur. Quant au procédé distillatoire proprement dit, M. Champonnois a adopté celui de MM. Derosne et Cail. Voici comment on doit traiter les topinambours d'après ce système :

On les nettoie d'abord à l'eau avec un laveur mécanique semblable à celui employé pour laver les betteraves dans les sucreries.

On les découpe ensuite à l'aide d'un coupe-racines qui les divise en fines *cossettes*, ayant une longueur variable et une largeur de 5 à 8 millimètres sur 3 millimètres d'épaisseur.

Pour extraire le jus de ces minces lanières de topinambour (c'est en ceci que consiste surtout l'idée de M. Champonnois), on les place dans un cuvier pouvant contenir 550 litres et muni d'un double fond en tôle percé de trous; alors, on les asperge légèrement avec de l'eau additionnée d'acide sulfurique, dans la proportion en poids de 2 parties d'acide pour 1,000 de cossettes; puis on verse sur elles, et à la température de 100°, 200 litres de vinasse, provenant de la distillation d'un jus précédemment soumis aux mêmes traitements, et on laisse la macération s'effectuer. Au début de la pratique de la distillation, quand on n'a pas encore de vinasse à sa disposition, ou verse sur les cossettes la même quantité d'eau (200 litres) à 100°. Pendant que la macération par la vinasse s'effectue dans le premier cuvier, on remplit de *cossettes* fraîches un deuxième cuvier en tout semblable au premier. Au bout d'une heure de macération, on soutire le jus du premier cuvier et on le verse sur le topinambour du deuxième; puis on verse de nouveau 200 litres de vinasse bouillante sur la cossette en partie épuisée du premier cuvier, et on laisse encore macérer pendant une heure. Pendant ce temps, on remplit de cossettes fraîches un troisième cuvier, de telle sorte que le coupe-racine fonctionne toutes les demi-heures. Enfin, on verse sur ce troisième cuvier le liquide du deuxième, chargé du produit alcoolisable de deux macérations; au bout d'une heure de séjour encore sur ce troisième cuvier, on soutire le jus qu'il renferme et qui se trouve provenir de trois macérations, puis on le verse dans une des cuves à fermentation, qui sont au nombre de quatre.

La deuxième charge de vinasse, qui a traversé les cossettes du premier cuvier, a été soutirée au bout d'une heure de macération et versée sur les cossettes du deuxième, pour y séjourner aussi une heure. Enfin, le premier reçoit une troisième charge de 200 litres de vinasse bouillante sortant de l'alambic (1). Cette vinasse reste en grande partie dans les cellules du topinambour, où elle occupe la place du jus sucré qui y était primitivement contenu, et d'où il a passé dans le deuxième, puis dans le troisième cuvier, et enfin dans la cuve à fermentation. La vinasse de la troisième macération du premier cuvier, qui se trouve encore

(1) La dernière charge de vinasse qui passe sur les cossettes épuisées doit toujours partir de l'alambic et être versée bouillante.

un peu chargée de jus sucré, est recueillie, puis portée dans une chaudière à réchauffer, pour revenir sur les cuviers, afin de s'y charger d'une plus forte proportion de sucre.

Ces deux autres cuviers sont traités, chacun à son tour, comme le premier. Quand enfin les cossettes de chacun d'eux ont subi une triple macération et qu'elles se sont égouttées, on les retire du cuvier, qu'on nettoie parfaitement, et on les porte à la ferme, puis on recharge le cuvier ainsi vidé.

Le jus soutiré, au bout d'une heure de macération, mesure 250 litres. On obtient donc, par heure, 250 litres de jus, c'est-à-dire de vinasse sucrée prête à entrer en fermentation, plus 200 kilos de cossettes épuisées et égouttées, et cela à l'aide seulement de trois cuviers et d'un lavage méthodique par macération rapide.

Dans une journée de dix heures, on prépare ainsi pour la fermentation 2,250 litres de vinasse sucrée, et chaque cuvier fournit trois triples macérations.

Tous ces chargements et déchargements de cuvier s'effectuent très rapidement, à l'aide d'une combinaison très ingénieuse de tubes et de robinets.

« Le but que se proposait d'atteindre M. Champonnois, dit M. Payen, était d'épuiser la racine saccharifère de la plus grande partie de sucre, tout en lui rendant les substances organiques azotées, mucilagineuses, grasses, et les matières salines enlevées à d'autres tranches par une opération précédente ; d'ajouter, en un mot, le résidu liquide de l'alambic au résidu solide du lavage par macération ; de sorte que ce résidu complexe contient autant de principes alimentaires que la racine elle-même, sauf environ 0,20 d'eau évaporée, et le sucre transformé presque entièrement en alcool et en acide carbonique. Supprimant du même coup l'eau, et en grande partie le combustible pour la chauffer, employés naguère dans les macérations et lévigations des tranches et des pulpes on parvint à rendre l'opération plus économique, en même temps qu'on pouvait livrer à la ferme un marc cuit, humide et chaud, propre à déterminer dans les fourrages coupés, une macération et une fermentation capables d'y développer les propriétés alimentaires.

« M. Champonnois est enfin parvenu à régulariser parfaitement et à maintenir une bonne fermentation dans chacune des cuves à fermenter.

« Avant la réalisation du système qui nous occupe, on remplissait complètement une cuve de tout le liquide à fermenter qu'elle pouvait contenir ; puis on délayait de la levure de bière dans un poids de jus ou d'eau double de son propre poids ; on versait ce ferment liquide dans la cuve en agitant, et on attendait que la fermentation se produisît. Cette manière d'opérer entraînait une dépense assez grande de levure, et la fermentation se produisant bien dans une cuve, mal dans une autre, on n'obtenait ainsi, très souvent, que des jus mal fermentés, sans compter que parfois la fermentation visqueuse se déclarait dans quelques cuves. M. Champonnois a rendu la fermentation régulière dans chaque cuve en la rendant continue. Voici de quelle manière : il applique une masse considérable de ferment, qui se renouvelle sans cesse et agit, d'une façon graduée, sur une quantité relativement très petite de jus sucré, acidulé légèrement par les acides développés dans la vinasse, et en outre à l'aide d'une faible proportion d'environ 2 d'acide sulfurique, étendu de 8 à 10 parties d'eau pour 1,000 de *cossettes*.

« *Fermentation alcoolique.* — Le jus sucré doit être à une température moyenne de 17 degrés. En général, cette température est atteinte naturellement à l'aide de la vinasse, qui, jetée presque bouillante, au sortir de l'alambic, sur de menues tranches pour opérer la première macération, en est extraite à 40 ou 50 degrés, et sort de la dernière macération à 16 ou 17 degrés. D'ailleurs, l'atelier doit être clos de manière à entretenir, à l'aide de la chaleur de l'alambic et des réchauffoirs, la température de l'air ambiant à ce terme. Cependant, lorsque les racines arrivent à zéro ou au-dessous dans les temps les plus froids de l'hiver, on amène ces racines à la température convenable en les immergeant pendant quelques minutes dans de l'eau chauffée à 45 degrés, avant de les soumettre à l'action du découpoir.

« Au fur et à mesure que la première cuve s'emplit avec le liquide de la macération, versé jusqu'à ce que les 2,250 litres provenant des neuf soutirages de chacun 250 litres y soient arrivés, la fermentation se développe et continue ses progrès.

« On détermine, une seule fois pour toutes, la fermentation, en ajoutant dans la première cuvée; dès qu'elle a reçu 250 litres de jus, 4 kilogrammes de levure de bière, préalablement délayée dans 6 à 8 litres de jus ou d'eau ordinaire. Ce ferment s'y renouvelle ensuite de lui-même pendant tout le cours des opérations.

« Au bout de vingt-quatre heures, on met en communication deux cuves voisines, de sorte que le liquide qui fermente se répartisse par égales portions entre elles.

« On commence alors à remplir ces deux cuves à demi pleines, comme on avait rempli l'une d'elles, en y faisant couler en un petit filet les liquides qui arrivent successivement du lessivage méthodique.

« Au bout de douze heures, les deux cuves étant remplies, la fermentation s'y continue, et, douze heures plus tard, les cuvées se trouvent avoir, en quarante-huit heures, accompli dans les mêmes conditions leur fermentation alcoolique par une *ébullition* continuelle que produit le dégagement régulier du gaz acide carbonique, et qui cesse presque entièrement alors.

« L'une des deux cuvées est laissée en cet état pour refroidir et être distillée vingt-quatre heures plus tard, tandis que l'autre cuvée, partagée en deux à son tour, remplit à moitié la quatrième cuve vide. A leur tour aussi, ces deux cuves, à demi pleines, reçoivent les jus de la macération; la fermentation y redevient active à l'aide du ferment en suspension dans le liquide et agissant sur la matière sucrée des nouveaux jus. Toutes deux sont remplies à la fin de la journée ; la fermentation continue la nuit sans addition, et se trouve, comme la première fois, à peu près terminée en quarante-huit heures.

« Une fois cette rotation établie, on a tous les matins : 1° une cuve refroidie, que l'on distille dans la journée; 2° une autre cuve, qu'on laisse refroidir durant vingt-quatre heures; 3° une troisième cuve, pleine du liquide au même état, que l'on répartit entre celle-ci et la quatrième qui a été vidée la veille pour alimenter l'appareil distillatoire. (La fermentation marche mieux lorsqu'on emploie 250 litres de vinasse, au lieu de 200, pour déplacer le jus de 250 kilogrammes de cossettes.)

« Ainsi donc, quatre cuves font le service de chaque jour. Lorsque l'une d'elles a été vidée pour alimenter la distillation et entretenir plein le réservoir supérieur de l'appareil, on trouve, à la fin de la décantation du liquide vineux, un dépôt boueux de ferment en excès et de matières insolubles au fond de la cuve.

« Le dépôt, formant 25 à 30 litres, est mis dans la deuxième chaudière de l'alambic. Si on le versait dans le réservoir supérieur, il pourrait, en s'écoulant dans les plateaux et les tubes de la colonne, s'attacher aux parois et déterminer la formation de produits pyrogénés à odeur désagréable, et obstruer les passages étroits du liquide et des vapeurs.

« La matière solide du dépôt est principalement formée des principes immédiats du ferment, elle contient des proportions notables de substance azotée, de matières grasses et de composés salins. On a donc intérêt à la comprendre dans les rations alimentaires que complètent les résidus de la distillerie. Ce but est atteint par le moyen indiqué, tout en obtenant l'alcool ; car, dans la deuxième chaudière, le dépôt fluide est soumis à la température de l'ébullition, qui en extrait la plus grande partie de l'alcool ; son épuisement à cet égard s'achève dans la première chaudière.

Enfin, la vinasse tirée de ce dernier vase et filtrée sur les cossettes y reste avec toutes les matières qu'elle tient en suspension, et même avec les substances dissoutes. Les unes et les autres, en définitive, passent donc ensuite dans les mélanges destinés aux animaux. D'un autre côté, la température de l'ébullition exerce probablement une influence utile en modifiant le ferment qui, dans son état normal, pourrait exercer une action purgative.

« Quoiqu'il en soit, il est fort utile de soumettre à des nettoyages et rinçages très exacts chaque cuve, au fur et à mesure qu'elle est entièrement vidée, avant d'y introduire de nouveau du liquide en fermentation.

« Il n'est pas moins utile de nettoyer, à la fin de la journée, les trois cuviers à macération, bien qu'alors le dernier ne puisse être entièrement épuisé ; car on a remarqué que si les vinasses restent durant la nuit en contact avec les cossettes dans un cuvier, il s'y peut établir une fermentation visqueuse, de nature à compromettre le succès des opérations ultérieures. Il faut donc soutirer la vinasse contenue dans le cuvier, d'où l'on a déplacé les dernières portions de jus sucré envoyé aux cuves en fermentation. Ce liquide sera versé dans la chaudière, afin de le réchauffer le lendemain matin, pour servir à la première macération.

« On éviterait sans doute cet inconvénient en continuant le travail jour et nuit, si la production des résidus ou cossettes épuisée ne dépassait alors les besoins de l'alimentation des animaux de la ferme. D'ailleurs, l'opération deviendrait plutôt manufacturière qu'agricole, la surveillance de nuit étant plus difficile et plus dispendieuse. » (PAYEN. *Précis de Chimie industrielle*, p. 769.)

Une fois le liquide alcoolique obtenu, M. Champonnois l'élève, à l'aide d'une pompe de son invention, du récipient dans lequel il s'est écoulé au sortir de la cuve, dans le réservoir situé au-dessus de l'appareil Derosne, auquel il a adapté son système de macération et de fermentation. Cet appareil, peu coûteux relativement, est à distillation continue, comme tous ceux que l'on emploie aujourd'hui, et jouit par là de la propriété d'être très économique de combustible. La capacité qu'on lui donnera doit évidemment correspondre à la quantité de liquide à distiller dont on disposera chaque jour ; cette quantité est représentée pour nous par le chiffre 2,250 litres de liquide, correspondant à environ 2,000 kilogrammes de topinambour.

Le réservoir placé au-dessus de l'appareil distillateur communique avec ce dernier à l'aide d'un robinet disposé de manière à ce qu'on puisse régler comme on le désire l'entrée du *vin* d'une manière continue. On s'arrange ainsi de façon à obtenir de l'alcool à 50° ou 55° au sortir du serpentin, et à bien épuiser la vinasse pendant le temps que les chaudières mettent à se remplir.

En opérant de la sorte, on obtiendra par heure environ 200 kilogrammes de pulpe de topinambour imbibée de vinasse, et au minimum, pour une journée de 10 heures, 2 hectolitres d'alcool à 50°.

On peut ne pas se borner à produire de l'alcool à 50°, et le porter au degré 90 ou au degré 94 en le rectifiant.

Mais dans la ferme, il nous semble préférable, la production de l'alcool n'étant pas le but qu'on se propose principalement d'atteindre, d'envoyer les liquides alcooliques au degré 50 à un établissement de rectification s'il y en a dans le voisinage, ou de les vendre pour être rectifiés. Voici comment M. Dailly traite la vente des alcools qu'il produit dans sa ferme de Trappes, avec le procédé Champonnois :

« J'ai vendu mes alcools (1855) à l'état de flegmes (alcool non rectifié), marquant en moyenne 48°, 50. Mon prix de vente de l'alcool à été réglé avec mes acheteurs par le prix de l'alcool de betterave bon goût à 90°, appliqué à 100 litres d'alcool absolu, livré par moi-même dans mes flegmes, avec réduction sur ce prix, d'une bonification pour la rectification qui a varié de 27 à 30 fr., et avec des réductions pour commission et escompte. »

Nonobstant ces réductions, M. Dailly, ainsi qu'il résulte de sa comptabilité, a vendu ses alcools aux prix de 105 fr.02 c. les 100 litres d'alcool absolu.

Voici comment se répartissait la main-d'œuvre à Trappes pour chaque opération, c'est-à-dire pour la distillation de 3,846 kilogrammes de betterave :

| | | | | |
|---|---|---|---|---|
| Transport du silos au laveur. . . . . . | ouvrier | 1 à 1 fr.50, ci. | | 1 50 |
| Lavage . . . . . . . | enfant | 1 à 1 | 25 | 1 25 |
| Découpage et aide au macérateur . . . . | ouvrier | 1 à 2 | » | 2 » |
| Macération et soins aux fermentations. . | ouvrier | 1 à 2 | 50 | 2 50 |
| Distillation . . . . . | ouvrier | 1 à 3 | » | 3 » |
| Nettoyages et travaux divers. . . . . . . . . . . . . . . | | | | 0 60 |

En portant les betteraves à 24 fr. les 1,000 kilos et en comptant tous les frais avec la plus rigoureuse minutie, M. Dailly a dépensé dans l'exercice 1854-1855, pour la distillation de 484,600 kilos de betteraves en 126 opérations, la somme de 16,470 fr. 35 c., soit 130 fr. 63 c. par opération, ou 33 fr. 93 c. par 1,000 kilos de betteraves, et il a eu comme bénéfice net, sans compter la valeur de la pulpe, 2,341 fr. 50 c.

« Je n'ai eu pour ma part, dit M. Dailly, qu'à me louer du parti que j'ai pris d'établir au mois d'octobre dernier (1854), avec mon régisseur, M. Baron, dont le concours m'a été des plus utiles, une distillerie montée suivant le système Champonnois, modèle n° 2. J'ai dépensé pour l'établir une somme de 16,032 fr. 30 c. qui se divise ainsi :

| | | |
|---|---|---|
| Appropriation des bâtiments. . . | 1,886 fr. | 50 c. |
| Fourniture et pose des appareils. . | 11,145 | 80 |
| Brevet de M. Champonnois. . . . | 3,000 | » |
| | 16,032 | 30 |

M. Dailly a employé pour toute la campagne 620 kil. d'acide sulfurique, soit 1 kil. 28 pour 1,000 kil. de betteraves ; mais il a remarqué qu'il fallait employer 2 kil. d'acide pour 1,000 de betteraves. Il n'a dépensé pour cette campagne que 30 kil. de levure à 1 fr. 20 l'un.

Après les violentes attaques dont le système de M. Champonnois a été l'objet, le jugement qu'une commission de la Société centrale d'Agriculture en a porté nous paraît devoir être d'un grand poids pour les agriculteurs. Il suffit, pour faire ressortir toute la confiance que ce jugement mérite, de citer les noms suivants des membres de la commission : MM. Yvart, président, Payen, Boussingault, Baudement, Delafond, Pommier et Dailly, rapporteur.

Voici les conclusions de la commission :

« Votre commission pense, Messieurs et chers collègues, qu'il résulte des renseignements qu'elle a recueillis, que le procédé de distillation de M. Champonnois, maintenant sanctionné par deux années d'expérience, est d'une application peu coûteuse ; que la fabrication à laquelle il donne lieu est des plus simples ; qu'il assure un bon épuisement de l'alcool en laissant des pulpes très favorables à l'alimentation du bétail ; qu'il peut avec grand avantage être appliqué dans les exploitations rurales.

« Des esprits éminents se sont souvent préoccupés des moyens d'arriver à répandre dans nos campagnes les idées d'industrie, pensant qu'elles devaient développer chez nos ouvriers des champs le goût de la science ; qu'elles devaient leur faire comprendre les avantages des machines ; qu'elles pouvaient les amener à améliorer les méthodes de culture qu'ils emploient, et les conduire à améliorer eux-mêmes les outils qu'ils sont habitués à manier ; qu'elles avaient ainsi à devenir une source de progrès pour l'agriculture.

« L'application du procédé Champonnois a paru à votre commission pouvoir devenir un des moyens d'arriver à cette alliance intime de la science, de l'agriculture et de l'industrie, depuis si longtemps désirée ; elle le considère comme méritant principalement sous ce point de vue tous vos encouragements. »

L'établissement d'une distillerie d'après le procédé Champonnois ne nécessite pas un vaste local. L'usine de M. Huot, à Troyes, présente les mesures suivantes : 8 mètres de large, 12 de long et 5 de haut. Un point important, est de faciliter le dégagement hors du local de l'acide carbonique qui se forme durant la fermentation alcoolique, et cela sans refroidir le local, dans lequel doit toujours régner une température d'au moins 17° centigrades.

Pour le droit d'user de son système, M. Champonnois demande 1 dixième du produit durant 4 ans, ou bien pour 2 hectolitres de 45° à 50° par jour, ou 1 hectolitre à 90°, 4,000 fr. souscrits d'avance. Au-delà de 1 hectolitre à 50°, M. Champonnois demande moitié de cette somme pour chaque hectolitre en plus.

Voici à combien M. Payen estime les dépenses d'acquisition du matériel d'une distillerie Champonnois sur une ferme de 80 hectares, dont 12 seraient en betteraves.

| | |
|---|---|
| Appareil distillatoire à distillation continue, traitant par jour le jus fermenté de 2,250 kilogrammes de betteraves épluchées et produisant 1 hectolitre 80 litres d'alcool à 50°. . . . . . . . . . . . . . | 2,500 fr. |
| Laveur et coupe-racine. . . . . . . . . | 300 |
| *A reporter*. . . . | 2,800 |

| | |
|---|---|
| *Report*. . . . | 2,800 fr. |
| Trois cuviers pour la macération, en tôle, avec robinets et tuyaux. | |
| Chaudière à réchauffer et réservoir à vinasse. . . . . . . . . . . . . . . . | 250 |
| Quatre cuves à fermentation. . . . . | 320 |
| Pompes, tuyaux, robinets pour les cuves. | 300 |
| Total. . . . . . . . . | 4,670 |

*Procédé Leplay*. — Pour qu'on ne puisse pas nous accuser de partialité, nous allons emprunter au *Journal d'Agriculture pratique*, 4e série, tome III, page 300, la description du système Leplay, faite par M. Barral, comme nous avons puisé dans le *Traité de Chimie industrielle* de M. Payen une partie de la description que nous avons donnée du procédé Champonnois.

Voici donc ce qu'a écrit sur ce procédé M. Barral :

« La betterave lavée est coupée par morceaux ou rubans, à l'aide d'un coupe-racine ; ainsi divisée, la betterave est placée dans du jus ayant subi déjà une bonne fermentation alcoolique, de manière à y être complètement plongée, ce qui s'obtient à l'aide d'un couvercle percé de trous qui donne passage au liquide et à l'acide carbonique dégagé pendant la fermentation, qui se déclare rapidement et est terminée en dix ou douze heures. Les morceaux fermentés n'ont point changé de forme; le volume primitif du jus n'a pas sensiblement diminué; c'est dans ce jus qu'on verse l'acide sulfurique pour aider la transformation du sucre cristallisable en sucre fermentescible, et au commencement un peu de levure de bière. De nouveaux morceaux de betterave fermentent dans le même pied de cuve. La cuve a une contenance de 80 hectolitres et reçoit chaque fois 2,200 kilogrammes de betteraves pour 44 à 45 hectolitres de jus fermenté qui y demeurent. Dans ces conditions, la dose d'acide sulfurique est de 4 litres 1/2 à 5 litres; la température doit être entretenue, au besoin, en employant un jet de vapeur, entre 25 et 28 degrés centigrades. Lors du début de l'opération, si l'on n'a pas à sa disposition du jus de betterave, on opère, pour s'en procurer, une macération avec de l'eau chaude, et l'on fait fermenter avec de la levure.

« Les morceaux de betterave fermentés sont placés pour être distillés directement dans un alambic particulier très simple, qui consiste dans une colonne en bois, en tôle ou en fonte, assez semblable aux filtres à noir employés dans les sucreries. Cette colonne supporte à sa partie supérieure un couvercle hermétiquement fermé, et une ouverture communiquant avec un serpentin refroidi par de l'eau froide pour la condensation de l'alcool. A la partie inférieure, se trouve un diaphragme percé de trous, sur lequel on jette les morceaux fermentés. Entre ce diaphragme et le fond du cylindre, se trouve un espace vide, destiné à recevoir les eaux de condensation qui se forment pendant le chauffage des morceaux à la vapeur qui est injectée dans cet espace vide à l'aide d'un robinet placé inférieurement. La vapeur, après avoir pénétré dans cet espèce de double fond, s'échappe à travers les espaces vides laissés entre les morceaux de betterave, les échauffe jusqu'au centre, en dégage les vapeurs alcooliques, qui se rendent dans les couches de betteraves placées au-dessus, pour opérer sur celles-ci de la même manière que la vapeur d'eau en bas et s'enrichir ainsi de plus en plus en montant. Avec une colonne de mercure de 3 à 4 mètres de hauteur, on peut obtenir de l'alcool à 70 et même 80 degrés alcoométriques. Des diaphragmes soutiennent les betteraves de distance en distance. Les morceaux s'épuisent successivement, complètement, et donnent une pulpe cuite qui contient tous les éléments nutritifs de la betterave, même tous les sels solubles ; le sucre seul a disparu. Cette pulpe, qui forme à peu près 50 pour 100 du poids de la betterave, se conserve sans aucune difficulté ; elle est transportée de l'usine chez les cultivateurs voisins. Il n'y a point de vinasse à jeter au dehors de l'établissement. »

M. Barral déclare formellement que ce procédé, employé avec succès en Belgique, dans de grandes distilleries, et chez M. Didier, agriculteur à Cuiry-Housse, près Soissons, est moins cher d'établissement que le procédé Champonnois et donne des pulpes moins aqueuses et d'une conservation certaine, et qu'ainsi, il convient parfaitement aux fermes. Nous ne connaissons le procédé Leplay que par le modèle très remarquable que nous en avons vu à l'Exposition ; mais nous ne pouvons croire que ces appareils, munis de leur générateur de vapeur, avec le vaste local qu'ils nécessitent, coûtent moins cher à établir que ceux du procédé Champonnois. M. Payen, de son côté, déclare la pulpe Leplay plus aqueuse que la pulpe Champonnois; il donne à l'alcool qui s'écoule le degré Gay-Lussac 60, et établit la nécessité d'une rectification.

Le procédé Leplay repose sur un point observé par M. Dubrunfaut, la formation de l'alcool dans l'intérieur même des cellules de la betterave. Ce procédé s'applique parfaitement à la distillation du topinambour.

Pour nous, après avoir exposé en toute conscience les deux procédés, en nous appuyant de l'autorité de la commission de la Société centrale d'Agriculture, dont le rapport a été fait après le compte rendu de M. Barral, et de celle de deux chimistes distingués, nous conclurons en recommandant aux cultivateurs le procédé Champonnois, convaincu que, quant à présent, le procédé Leplay est plus spécialement un procédé exclusivement industriel et qu'il n'a pas encore assez reçu la sanction de la pratique. Nous dirons, en terminant ce chapitre, qu'une lettre de M. Bonnaterre, ingénieur civil, vient annoncer l'heureuse nouvelle que voici, sur un moyen de diminuer les frais d'établissement d'une distillerie Champonnois : « On pourrait, dit cet ingénieur, diminuer la dépense d'un quart au moins, en employant des appareils en fonte émaillée que construit M. Cordonnier-Jacquart, d'Orchies Nord), qui a un brevet à ce sujet ; ces appareils, semblables, du reste, quant à la forme, à ceux (employés dans le Nord, *coûtent moitié des appareils en cuivre*, sont d'un montage facile et produisent de bons flegmes à tel degré qu'on veut ; les rectificateurs donnent un alcool de 95° de qualité supérieure. Il y a dans le département du Nord, à Bersée, près Pont-à-Marcq, une distillerie appartenant à MM. Durot et Delot, qu fonctionne d'après le système Champonnois, avec une colonne à distiller de 80 centimètres de diamètre, en fonte émaillée : elle peut préparer 30 hectolitres de flegme à 50° en vingt-quatre heures ; et une colonne à rectifier de 50 centimètres de diamètre, également en fonte émaillée, et produisant par rectification une pipe de 3/6 à 95° d'excellente qualité. Quant à la pulpe, elle est enlevée avec empressement par les cultivateurs des environs.

Cette innovation, sur laquelle nous avons entendu M. Champonnois s'exprimer à l'Exposition universelle de la manière la plus laudative, est pour les cultivateurs d'un prix inestimable. Le jour où ils pourront rectifier à bas prix, eux-mêmes, leur alcool, ce dernier leur produira des bénéfices bien plus considérables, car alors ils ne dépendront plus des rectificateurs et pourront aborder franchement le consommateur. Hâtons-nous de dire que l'alcool de topinambour y gagnera surtout, étant déjà d'un goût très supérieur à l'alcool de betterave.

# CHAPITRE VII

## Emploi des pulpes

Disons d'abord que le topinambour étant plus riche que la betterave en matières azotées et en matières grasses, la pulpe de ce tubercule sera aussi évidemment plus riche que celle de cette racine. Quant à la manière de l'utiliser elle est exactement la même, et nous la recommandons spécialement pour l'engraissement des moutons et aussi des vaches ou des bœufs. L'industrie agricole de l'engraissement est la conséquence nécessaire, le lucratif auxiliaire de la production de l'alcool, à l'aide du topinambour ou des betteraves. Nous allons rapporter des exemples d'utilisation et des rationnements pour les animaux de boucherie, que nous puiserons en très grande partie dans le remarquable rapport de M. Dailly que nous avons déjà cité. Ces rations sont faites avec les pulpes de betterave. Les faits manquent pour le topinambour, sa distillation étant encore une nouveauté en pratique agricole. Mais ce que nous avons dit de cette précieuse plante dans la première partie de cet ouvrage, et le mode d'utilisation complétement semblable des deux pulpes, ainsi que nous venons de le dire, mettront nos lecteurs parfaitement à même de conclure de l'une de ces pulpes à l'autre, au point de vue de leur valeur réciproque et absolue.

Rappelons d'une manière générale, avec M. Payen, que depuis longtemps on a constaté les avantages que présente la fermentation des fourrages hachés et mélangés avec des racines coupées. Cette méthode a surtout pour résultat utile de faire consommer aux animaux des substances, dures, sèches, coriaces, notamment certaines pailles, les gousses ou siliques de colza, les capsules des graines de lin, la menue paille (balles d'avoine, de blé, de seigle).

Le docteur Schweitzer, chargé de diriger l'exploitation du domaine de Tharand, en Saxe, qui se trouvait dans un état déplorable sous le rapport de la production des fourrages, essaya d'abord, mais vainement, divers moyens pour faire consommer la paille de seigle, sans mélange de foin, à ses bestiaux. Il eut alors recours, en 1836, et durant les années suivantes, à la fermentation avec mélange de racine coupées, et, pendant six années consécutives, entretint des animaux en si bon état, qu'il parvint à relever la fécondité du sol au niveau des terres les plus fertiles.

M. Nivière a reconnu, par des expériences en grand, que la paille hachée, soumise à la fermentation, produit par 100 kilogrammes de son équivalent en foin, 3 kilogrammes 270 grammes de viande, c'est-à-dire trois fois et demie moins. (Payen... et *Bulletin de la Société centrale d'Agriculture*, 1852-53, p. 216 à 223.)

Voici comment on prépare et à quel état on distribue aux animaux des fermes la nourriture dans laquelle entrent les résidus de la distillerie.

« Les 2,000 kilogrammes de cossettes traités par la vinasse, obtenue en une journée de dix heures, sont mélangés, au fur et à mesure de leur production, et dès qu'ils arrivent dans la ferme, par charge de 200 kilogrammes, avec trois fois leur volume de fourrages secs, menues pailles ou balle de froment, de seigle, d'avoine ou de trèfle, luzerne, paille hachée, etc., représentant en poids 9 à 10 kilogrammes pour 100 du mélange.

« Ce mélange, représentant à la fin de la journée un volume total de 7 à 8 mètres cubes, est accumulé dans une grande cuve en bois ou dans une stalle en briques. La fermentation s'y établit promptement et développe les propriétés que les agriculteurs recherchent dans les fourrages fermentés; la vinasse, retenue par la cossette, suffit en effet pour communiquer au fourrage la chaleur, l'humidité et les matières organiques favorables à la fermentation.

« Il faut abandonner le mélange trente-six heures aux réactions spontanées, pour l'amener au degré convenable à l'alimentation des animaux. On remarque alors que les fourrages divisés, employés, secs, ont acquis de la souplesse et se sont humectés ; le mélange exhale une odeur aromatique légèrement alcoolisée. On le distribue aux bœufs, vaches et génisses, même aux taureaux, en rations mesurées, représentant pour chacun de ces animaux 25 kilogrammes de cossettes, et trois fois leur volume ou 75 litres de fourrage coupé, pesant 10 kilogrammes ; en totalité, 35 kilogrammes. On en donne 5 à 6 kilogrammes par tête aux moutons ; plus, 2 à 300 grammes de tourteau pour finir l'engraissement. »

(PAYEN, *Chimie industrielle*, p. 773.)

. . . . .

Les animaux mangent cette nourriture avec avidité, et elle favorise l'engraissement et la production du lait, qui donne aussi un beurre plus blanc et plus dur.

M. Godefroy, cultivateur-distillateur à Villeneuve-le-Roi, près Choisy (Seine-et-Oise), s'occupe exclusivement de l'engraissement des moutons. Il leur donne 5 kilogrammes de pulpe, mélangée à de la menue paille provenant de sa machine à battre, dans la proportion en poids de

10 pour 100 de pulpe; ils reçoivent en outre du foin et du grain. M. Godefroy est très satisfait de cette alimentation, que ses moutons mangent avec avidité. Il fait fermenter son mélange de pulpe et de paille dans des stalles en briques.

M. Petit, cultivateur-distillateur en Champagne, près de Savigny (Seine-et-Oise), traite sa pulpe comme M. Godefroy, et en fait manger une partie à des moutons à l'engrais, avec du foin et des tourteaux; il vend l'autre partie à des nourrisseurs de Paris, qui, bien qu'à 20 kilomètres de sa ferme, sont venus lui en acheter.

M. Decauville, de Petit- Bourg (Seine-et-Oise), entretient sur sa ferme 500 moutons à l'engrais et 30 vaches à lait; il les nourrit avec le mélange suivant, qu'il prépare vingt-quatre heures avant de le faire consommer.

| | |
|---|---|
| Pulpe. . . . . . . . . . . | 84 kil. |
| Menue paille . . . . . . . . | 10 |
| Tourteau de colza . . . . . . | 6 |
| | 100 |

Les animaux s'en montrent très avides.

M. Decauville a observé que, si le mélange était donné après une fermentation de plus de vingt-quatre heures, les animaux s'en montraient moins friands, et qu'il en était de même avant qu'il ait subi la fermentation; dans ce dernier cas, les animaux dédaignent la paille.

Cet agriculteur donne, par tête et par jour, aux vaches 50 kilogrammes de mélange, soit 42 kilogrammes de pulpe.

Aux moutons, 7 kilogrammes de mélange, soit 5 kilogrammes 90 de pulpe.

Il ajoute seulement au mélange quelques bottes de mauvais foin, et déclare qu'il estime autant ses pulpes, sous le même poids, que les betteraves qu'il faisait consommer avant de distiller.

M. Michaud, à Bonnières (Seine-et-Oise), qui traite en vingt-quatre heures, 5,600 kilogrammes de betteraves, tient à l'engraissement un troupeau de 800 bêtes à laine. Il donne à ses moutons 5 kilogrammes 25 de pulpe par tête : il mélange à sa pulpe 20 pour 100 de foin et 15 pour 100 de paille, composant aussi une alimentation dont les animaux reçoivent, par jour et par tête, 7 kilogrammes.

M. Michaud pense que la pulpe ne peut, pas plus que la betterave seule, être employée fructueusement à l'engraissement du bétail : il la considère comme devant être complétée par des grains ou des tourteaux. Le tourteau est distribué séparément de la pulpe.

Cet habile agriculteur pense arriver à engraisser, dans la campagne (1856), 1100, moutons et les vendre gras 10 francs plus cher qu'il ne les a achetés maigres. Il regarde trois mois comme le temps moyen nécessaire pour l'engraissement des moutons.

« M. de Sourdeval a fait, dit M. Dailly, un essai intéressant de conservation de pulpe dans un silo.

« Il a fait établir au mois de décembre une tranchée de 0 mètre 50 de profondeur, sur 1 mètre de largeur, avec une petite rigole de 0 mètre 10 au milieu. Il a placé 1,000 kilogrammes de pulpe dans cette tranchée, en les recouvrant de 0 mètre 30 de terre. Ayant vu son silo s'affaisser beaucoup quelque temps après, il le fit alors ouvrir, s'attendant à trouver ses pulpes en état de décomposition; mais il fut agréablement surpris en les trouvant dans un état parfait de conservation, et seulement plus tassées et plus sèches. Son silo fut par lui recouvert; il l'a visité depuis plusieurs fois, et il a continué à trouver toujours les pulpes aussi bonnes que le premier jour. Il se propose de continuer pendant tout l'été son expérience de conservation de pulpe. »

Nous ne savons si l'expérience a réussi jusqu'au bout, mais il est démontré par ce commencement qu'on peut conserver en silos les pulpes Champonnois au moins durant cinq moins. C'est là un fait de la plus haute importance.

Les 100 kilogrammes de betteraves ont donné en moyenne, dans les expériences que nous venons de rapporter, 75 kilogrammes de pulpe fraiche, contenant tous les principes alimentaires de la betterave, moins le sucre.

D'après cela, les 100 kilogrammes de topinambour donneraient 80 kilogrammes de pulpe, et vaudraient autant, vu la facilité que l'on a d'utiliser des substances de nulle valeur, sans celle, comme aliment, qu'a le topinambour avant d'avoir contribué à la production de l'alcool.

Le topinambour ayant une valeur alimentaire supérieure à celle de la betterave, il ne faudrait, pour équivaloir à une ration de pulpe de cette dernière, que les deux tiers en plus de cette ration de pulpe de topinambour; il sera donc très facile d'établir, à l'aide d'un simple calcul, des rations équivalentes à celles que nous venons de faire connaître, et dans lesquelles la pulpe de topinambour interviendra à la place de celle de betterave.

---

## CHAPITRE VIII

### Rendement du topinambour en alcool et en pulpe

Nous avons établi, dans les chapitres qui précèdent, que 100 kilogrammes de topinambour donnaient 18 kilogrammes 880 de glucose, et que 100 kilogrammes de glucose fournissent, dans la rigueur de l'équation chimique, 51 kilogrammes 120 d'alcool absolu anhydre.

Il suit de là que, d'après la proportion suivante :

$$100 : 51{,}12 :: 18{,}88 : x$$
$$x = 9 \text{ k. } 65$$

100 kilogrammes de tubercules de topinambour correspondent chimiquement, ou en théorie, si l'on veut, à 9 kilogrammes 650 d'alcool anhydre, soit 12 litres. Réduisant ce chiffre de moitié, pour le convertir en *chiffre pratique*, et c'est là une réduction exagérée, nous obtenons grandement

6 litres d'alcool, à 90° par 100 kilogrammes de tubercules frais, ou 12 litres à 50°, soit 1 hectolitre 20 litres par 1,000 kilogrammes.

Or, nous avons démontré qu'on pouvait aisément retirer 25,000 kilogrammes de tubercules d'un hectare de topinambour.

Donc, c'est 3,000 litres ou 30 hectolitres d'alcool à 50° centésimaux ou Gay-Lussac ou à 19°,25 Cartier, qu'on obtiendra par hectare de cette plante.

Cet alcool, étant fort supérieur comme goût à l'alcool de betterave, se vendra toujours évidemment un prix plus élevé que ce dernier. Car il pourra être consommé directement comme boisson et servir aux distillateurs à la fabrication de leurs liqueurs.

Quel en sera le prix de revient?

En prenant pour base de cette évaluation les chiffres fournis par la comptabilité de M. Dailly, et en portant les 1,000 kilos de topinambour à 4 fr. 40 c., ainsi que nous en avons établi plus haut le prix de revient, l'alcool provenant de 1,000 kilogrammes de tubercules, c'est à-dire 1 hectolitre 20 litres, coûterait au cultivateur, au maximum, 20 fr., soit environ 17 c. le litre.

Par conséquent les 30 hectolitres d'alcool à 50° fournis par un hectare reviendraient au cultivateur à 600 francs.

Donc, au prix de 100 francs l'hectolitre, prix

inférieur à celui auquel M. Dailly a vendu ses alcools de betterave (1), le cultivateur-distillateur de topinambour eût gagné net 900 francs par hectare. C'est assurément là un bien beau bénéfice, et ce chiffre, nous le garantissons, est au-dessous de celui qu'on peut aisément atteindre.

En supposant que l'alcool de topinambour descendît à 50 francs l'hectolitre à 90° centésimaux, le cultivateur-distillateur gagnerait encore 450 francs nets par hectare. On peut donc, dans le cas où l'on ferait des calculs pour l'établissement d'une distillerie de topinambours, ne pas compter ses bénéfices au-dessous de 500 francs par hectare. Il est évident, en effet, que de très longtemps l'alcool ne descendra pas à 25 francs les 50° Gay-Lussac.

Les 900 francs dont nous venons de parler seraient d'autant plus pour le cultivateur-distillateur un bénéfice net, qu'il lui resterait, pour 100 kilos de tubercules employés, 80 kilos de pulpe qui, fermentés avec de la paille ou de la menue paille, des siliques de colza, du foin, de la luzerne, etc., ont à nos yeux une valeur nutritive aussi grande qu'avant de passer dans les cuves à macération. Il lui resterait donc par hectare de topinambours distillés 20,000 kilogr. de pulpe, lesquels, à 5 kilogrammes par tête de mouton à l'engrais et par

(1) 105 fr. 03 c. les 100 litres à 99° Gay-Lussac.

our, fourniraient la pulpe nécessaire à la constitution de 4,000 rations, comme celles de M. Michaud, soit avec du foin ou des pailles nécessaires et fermentés, après avoir été mélangés avec la pulpe, à la nourriture de 400 moutons à l'engrais, pendant dix jours. D'où il suit que 3 hectares de topinambours donneraient un produit minimum de 1,500 francs nets en alcool et fourniraient à l'engraissement de 400 moutons, durant un mois, la quantité de pulpe nécessaire, et que, par conséquent, avec 9 hectares de topinambours, la paille, le foin et le tourteau nécessaires, on engraisserait complètement 400 moutons en trois mois, qui, à 5 fr. de bénéfice net par mouton, donneraient un revenu de 2,000 fr., et on gagnerait par l'alcool 4,500 fr., soit, en tout, un magnifique résultat certain de 6,500 francs ! Si donc, sur une ferme de 100 hectares, on en consacrait 20 à la culture du topinambour pour l'alcoolisation, on se créerait d'une façon certaine un revenu de 14 à 15,000 francs.

---

# CONCLUSION

Nous avons rempli, aussi consciencieusement qu'il nous a été possible de le faire, la tâche que nous nous étions imposée. Il existait une lacune dans les publications agricoles : une des plantes les plus importantes, les plus avantageuses à cultiver au point de vue tout récent de la culture industrielle, était laissée dans l'ombre, et la plupart des agriculteurs l'ignoraient complétement ; cette lacune fâcheuse, nous avons voulu la combler, en condensant dans les pages qu'on vient de lire les observations de nos maîtres et les nôtres. Puissions-nous ne pas avoir été trop au-dessous de notre tâche !

Mais, avant de quitter la plume, nous croyons pouvoir conclure de ce que nous avons démontré, établi sans conteste, dans les pages qui précèdent, qu'une industrie nouvelle, de première valeur, s'offre à l'activité des intelligences et au placement le mieux assuré des capitaux. Dans les chiffres que nous avons posé sur le rendement du topinambour, nous nous sommes tenu au-dessous de la réalité, convaincu que la vérité se dégagera d'elle-même de la pratique, et que les agriculteurs seront amenés à écrire eux-mêmes les chiffres de produit qui les auraient peut-être fait sourire d'incrédulité, si nous les avions présentés nous-même de prime abord comme le résultat vers lequel on devait marcher avec assurance. Nous avons été modeste jusqu'à l'excès, pour éviter la défiance qu'inspire celui qui montre des bénéfices considérables à retirer de choses inconnues.

Maintenant, spéculons sérieusement et largement. Nous affirmons, d'ailleurs, l'exactitude pratique des chiffres que nous allons poser

Les sols humifères sains et fertilisés par des engrais convenables, et les labours à demi-profondeurs moyenne conviennent très bien au topinambour. Ces sols ne manquent point en France : la Sologne et bien d'autres parties de la France présentent de grandes étendues de terrain qui peuvent être aisément rendues très propres à sa culture. Nous connaissons même, non loin de Paris, dans le département de Seine-et-Oise et dans le voisinage de Rambouillet, des sols qui n'attendent que l'intelligence directrice armée des capitaux nécessaires, pour donner, par la culture du topinambour, pour l'alcoolisation et la culture des plantes-racines, pour l'alimentation des animaux, à l'aide d'un assolement dans le genre de celui du Norfolk de l'Angleterre, des résultats financiers et améliorateurs de ces sols, aussi considérables qu'imprévus de leurs habitants. Supposons, en effet, une ferme de 100 hectares située dans ces terrains; voici ce qu'on lui ferait produire en la traitant d'après nos idées: nous consacrerions 50 hectares à la culture très soignée du topinambour; nous en mettrions 18 en prairies ou en pâturages, et sur les 32 autres nous établirions l'assolement quatriennal du Norfolk, ces terrains étant parfaitement analogues à ceux de ce comté. Le cadre que nous nous sommes tracé ne nous permet pas de développer ici cet assolement. Contentons-nous de dire que, indépendamment de la masse de pulpe que nous fournirait notre distillerie, nous obtiendrions une quantité considérable de racines, de foin et autres matières alimentaires, consommées dans la ferme et non exportées, enrichissant, par conséquent, constamment et progressivement le domaine, et examinons le produit de nos topinambours en alcool.

On sait qu'on peut récolter, d'après M. de Gasparin, 60,000 kilogrammes de tubercules de topinambours à l'hectare, dans des conditions particulières de sol, il est vrai; 30,000 kilogrammes est le chiffre que nous nous proposerions d'atteindre, et que nous obtiendrions en effet par une bonne culture et des engrais suffisants. Nos 50 hectares nous donneraient donc 1,5000,000 kilogrammes de tubercules, et par conséquent 1,800 hectolitres d'alcool à 50 degrés Gay-Lussac, soit 90,000 fr. Mais ces 1,800 hectolitres auraient coûté 36,000 fr. à produire; il resterait donc un bénéfice net annuel de 34,000 fr., c'est-à-dire qu'on réaliserait, avec l'engraissement et l'alcool, un revenu net de 65,000 fr. Ces terrains ne coûteraient pas, dans les conditions géologiques dont nous avons parlé, plus de 300 fr. l'hectare, soit 30,000 fr. les 100 hectares. Ajoutons à cela 20,000 fr de construction au maximum, et 70,000 fr. de fonds de roulement, nous obtiendrons un total de 120,000 fr. Par conséquent, les capitaux consacrés à la réalisation de ce plan produiraient environ 50 pour 100 (1) sans compter que le sol lui-même triplerait de valeur avant dix ans par les masses d'engrais et les soins de culture qu'on lui consacrerait. Voilà ce que l'agriculture industrielle moderne offre, avec l'aide du topinambour, aux capitalistes intelligents. Demandez aux Anglais ce qu'on peut faire en culture avec de l'intelligence et des capitaux. Si les sols dont nous venons de parler ne se prêtent pas très bien à la culture des céréales, nul ne se prête mieux qu'eux à la production de la viande et de revenus financiers élevés, par la combinai-

(1) Dans la campagne 1853-54, une exploitation de trois sucreries, transformées en distilleries a réalisé un bénéfice de 990,000 fr., et l'alcool de topinambour peut être, aujourd'hui, très aisément amené à valoir l'alcool de vin, le 3/6 de Montpellier.

son que nous venons de présenter (1). A l'œuvre donc, et travaillons tous ensemble à accroître nos ressources alimentaires! Ce n'est pas dans notre belle France que l'intelligence et les capitaux doivent manquer de se rendre à l'appel l'un de l'autre.

(1) Dans les sols où la silice domine, les tubercules de topinambour sortent de terre parfaitement propres, tandis que dans les sols argileux, ils sont très-salis de terre, et, à cause de leur irrégularité de forme, coûtent beaucoup à nettoyer.

# TABLE DES MATIÈRES

Pages

Préface . . . . . . . . . . . . . . . . . . 5

CHAPITRE PREMIER

Caractères botaniques. — Variétés. — Synonymie. — Origine du topinambour. . . . . . 9

CHAPITRE II

Composition chimique du topinambour. — Climat et sol. — Généralités. — Difficulté de faire disparaître cette plante d'un champ où on l'a cultivée. — Place du topinambour dans les cultures. — Expériences de M. Crussard, — Conseils de M. Victor Yvart. . . . . . . . . . . 12

CHAPITRE III

Culture du topinambour. — Engrais qui lui conviennent. — Plantation. — Soins d'entretien. — Récolte des tiges et des tubercules. — Rendement . . . . . . . . . . . . . . . . . 29

CHAPITRE IV

Valeur alimentaire du topinambour. — Son introduction dans le pain . . . . . . . . . . , 68

CHAPITRE V

Alcoolisation du topinambour. — Généralités. — Des sucres. — Du glucose et de son dédoublement alcoolique. — De l'alcool. — Alcoomètre de Gay-Lussac . . . . . . . . . . . . . . 85

CHAPITRE VI

Distillation pratique du topinambour. — Procédé Champonnois. — Procédé Leplay. — Appareils en fonte émaillée de M. Cordonnier-Jacquart . 103

CHAPITRE VII

Emploi des pulpes . . . . . . . . . . . . . 126

CHAPITRE VIII

Rendement du topinambour en alcool et en pulpe. 134

CONCLUSION . . . . . . . . . . . . . . . . 138

Tours, Imp. Deslis Frères.

www.ingramcontent.com/pod-product-compliance
Ingram Content Group UK Ltd.
Pitfield, Milton Keynes, MK11 3LW, UK
UKHW012229240726
13966UKWH00003B/1020